Veterinary Cytology
(Dog, Cat, Horse and Cow)

兽医细胞学诊断
（犬、猫、马和奶牛）

第 2 版

Francesco Cian, Kathleen P. Freeman　主编

陈艳云　夏兆飞　主译

中国农业大学出版社
·北京·

图书在版编目（CIP）数据

兽医细胞学诊断：犬、猫、马和奶牛：第 2 版 /（英）弗朗西斯科·奇安（Francesco Cian），（英）凯斯琳·P. 弗里曼（Kathleen P. Freeman）主编；陈艳云，夏兆飞主译 . —北京：中国农业大学出版社，2020.6

书名原文：Veterinary Cytology（Dog, Cat, Horse and Cow）

ISBN 978-7-5655-2349-6

Ⅰ. ①兽… Ⅱ. ①弗… ②凯… ③陈… ④夏… Ⅲ. ①动物疾病 – 细胞诊断 Ⅳ. ① S854.4

中国版本图书馆 CIP 数据核字（2020）第 064080 号

书　　　名	兽医细胞学诊断（犬、猫、马和奶牛）　第 2 版 Veterinary Cytology（Dog, Cat, Horse and Cow）	
作　　　者	Francesco Cian, Kathleen P. Freeman　主编 陈艳云　夏兆飞　主译	

策划编辑	梁爱荣　宋俊果	**责任编辑**	梁爱荣
封面设计	郑　川		
出版发行	中国农业大学出版社		
社　　址	北京市海淀区圆明园西路 2 号	**邮政编码**	100193
电　　话	发行部 010-62818525，8625	**读者服务部**	010-62732336
	编辑部 010-62732617，2618	**出　版　部**	010-62733440
网　　址	http://www.cau.edu.cn/caup	**E-mail**	cbsszs@cau.edu.cn
经　　销	新华书店		
印　　刷	涿州市星河印刷有限公司		
版　　次	2020 年 6 月第 1 版　　2020 年 6 月第 1 次印刷		
规　　格	880×1 230　32 开本　　8.125 印张　225 千字		
定　　价	128.00 元		

图书如有质量问题本社发行部负责调换

Veterinary Cytology
(Dog, Cat, Horse and Cow)

兽医细胞学诊断
（犬、猫、马和奶牛）
第 2 版

Francesco Cian
DVM, DipECVCP, FRCPath, MRCVS
RCVS Specialist in Veterinary Pathology (Clinical Pathology)
BattLab, University of Warwick Science Park
Coventry, Warwickshire, UK

Kathleen P. Freeman
DVM, BS, MS, PhD, DipECVCP, FRCPath, MRCVS
RCVS Specialist in Veterinary Pathology (Clinical Pathology)
IDEXX Laboratories, Ltd
Wetherby, West Yorkshire, UK

译者名单

主　　译　陈艳云　夏兆飞
副主译　黄　薇　吕艳丽
译校人员　刘　洋　张　琼　张兆霞　张海霞　许楚楚　李浩运
　　　　　李安琪　吕艳丽　黄　薇　夏兆飞　陈艳云

主译简介

陈艳云，博士，执业兽医师，师从夏兆飞教授，曾任中国农业大学动物医院检验科主管，现任北京市小动物诊疗行业协会肿瘤分会秘书长。

主持和参加多项兽医临床相关科研项目，在国内外核心期刊上发表文章 20 余篇。主译《兽医临床病例分析》《小动物细胞学诊断》《小动物肿瘤学》《小动物输血疗法》《兽医临床尿液分析》等多部兽医书籍。

数次到美国、日本、新加坡、韩国等国家学习交流、考察参观，熟悉国内外小动物临床实验室诊断技术的发展现状。

主要兴趣领域：兽医临床实验室诊断、小动物内科学和小动物肿瘤学。

夏兆飞，中国农业大学动物医学院临床系教授、博士生导师。

长期在中国农业大学动物医学院从事教学、科研和兽医临床工作。主讲"兽医临床诊断学""小动物临床营养学""兽医临床病例分析"及"动物医院管理"等课程。主持科研项目 10 余项，主编 / 主译著作 20 余部、发表论文近百篇。

现任中国农业大学动物医学院临床兽医系主任、教学动物医院院长、北京小动物诊疗行业协会理事长、《中国兽医杂志》副主编、亚洲兽医内科协会副会长、中国饲料工业协会宠物食品专业委员会副主任委员等。

主要兴趣领域：小动物内科与诊断、犬猫营养与宠物食品生产、动物医院经营管理等。

撰稿者

第 1 版

A. Rick Alleman DVM, PhD,
DipACVP, DipABVP
College of Veterinary Medicine
University of Florida
Gainesville, Florida, USA

Joan Duncan BVMS, PhD, FRCPath,
CertVR, MRCVS
NationWide Laboratories
Poulton-le-Fylde, Lancashire, UK

Corinne Fournel-Fleury DVM, PhD,
DipECVCP, HDR
Ecole Nationale Veterinaire de Lyon
Marcy L'Etoile, France

Kathleen P. Freeman DVM, BS,
MS, PhD, DipECVCP, FRCPath,
MRCVS
IDEXX Laboratories, Ltd.
Wetherby, West Yorkshire, UK

Karen L. Gerber BVSc(Pretoria),
BVSc(Hons), DipACVP, MRCVS
Axiom Veterinary Laboratories
Newton Abbot, Devon, UK

J. Michael Harter DVM
Animal Medical Clinic
Rockford, Illinois, USA

Heather Holloway MA, VetMB,
CertVC, DipRCPath, MRCVS
IDEXX Laboratories, Ltd.
Wetherby, West Yorkshire, UK

Hugh Larkin MVB, PhD, MRCPath,
MECVCP, MRCVS
School of Veterinary Medicine
St George's University
Grenada, West Indies

Sally Lester DVM MVSc DipACVP
Central Laboratory for Veterinarians
Langley, British Columbia, Canada

Kostas Papasouliotis DVM, PhD,
FRCPath, DipECVCP, MRCVS
School of Veterinary Science
University of Bristol
Langford, UK

Anne Lanevschi-Pietersma DVM, MS,
DipACVP, ECVCP
Apartado 23
A Estrada 36680, Spain

Mark D. G. Pinches BVSc, MSc,
MRCVS
School of Veterinary Science
University of Bristol
Langford, UK

Shashi K. Ramaiah DVM, PhD,
DipACVP, DABT
Pfizer–Biotherapeutics Research
Division
Cambridge, Massachusetts, USA

Federico Sacchini MVB, DipSCPCA,
MPhil, DipECVCP, MRCVS
IDEXX Laboratories, Ltd.
Wetherby, West Yorkshire, UK

Elizabeth Villiers BVSc, DECVCP,
FRCPath, CertSAM, CertVR,
MRCVS
DWR Diagnostics
Six Mile Bottom, UK

兽医细胞学诊断（犬、猫、马和奶牛）

第 2 版

Walter Bertazzolo DVM, DipECVCP
La Vallonèa Veterinary Diagnostic
  Laboratory, Alessano (LE), Italy
Clinical Laboratory, Animal Hospital
  "Città di Pavia"
Pavia, Italy

Ugo Bonfanti DVM, DipECVCP
La Vallonèa Veterinary Diagnostic
  Laboratory
Alessano (LE), Italy

Francesco Cian DVM, FRCPath,
  DipECVCP, MRCVS
RCVS Specialist in Veterinary
  Pathology (Clinical Pathology
BattLab
University of Warwick Science Park
Coventry, Warwickshire, UK

Stefano Comazzi DVM, PhD,
  DipECVCP
Department of Veterinary Medicine
University of Milan
Milan, Italy

Sharon M. Dial DVM, PhD, DACVP
Arizona Veterinary Diagnostic
  Laboratory
University of Arizona
Tucson, Arizona, USA

Kathleen P. Freeman DVM, BS, MS,
  PhD, DipECVCP, MRCVS
RCVS Specialist in Veterinary
  Pathology (Clinical Pathology)
IDEXX Laboratories, Ltd.
Wetherby, West Yorkshire, UK

Emma Hooijberg BVSc, GPCert(SAP),
  DipECVCP
Faculty of Veterinary Science
University of Pretoria
Pretoria, South Africa

Ernst Leidinger DVM, DipECVCP
Invitro Laboratories
Vienna, Austria

Judith Leidinger DVM, FTA klin.
  Labordiagn
Invitro Laboratories
Vienna, Austria

Carlo Masserdotti DVM, DipECVCP,
  Spec Bioch Clin IAT
IDEXX Laboratories, Ltd.
Milan, Italy

Antonio Meléndez-Lazo DVM, MSc,
  DipECVCP, MRCVS
LABOKLIN GmbH & Co.KG
Bad Kissingen, Germany

Paola Monti DVM, MSc, FRCPath,
  DipACVP (Clinical Pathology)
RCVS Specialist in Veterinary
  Pathology (Clinical Pathology)
DWR Diagnostics
Six Mile Bottom, UK

Roger Powell MA, VetMB,
  DipRCPath, DipACVP (Clin. Path),
  FRCPath, MRCVS
RCVS Specialist in Veterinary
  Pathology (Clinical Pathology)
PTDS Diagnostic Services
Hitchin, UK

Leslie C. Sharkey DVM, PhD, DipACVP
University of Minnesota
St Paul, Minnesota, USA

Cathy Trumel DVM, PhD, DipECVCP,
  LCBM, CREFRE
Université de Toulouse, INSERM,
  UPS, ENVT
Toulouse, France

Tim Williams MA, VetMB, PhD,
  FRCPath, DipECVCP, MRCVS
Department of Veterinary Medicine
University of Cambridge
Cambridge, UK

中文版序言

近年来，随着国内兽医诊疗技术的发展，兽医师们对细胞学知识的渴求与日俱增，临床疾病的复杂程度也使得大家不得不深入学习细胞学知识。本书的主编也曾多次来中国讲学，传授细胞学知识。然而，想要成为一名真正的细胞学专家，仅靠参加几场培训还远远不够，还需要系统地学习理论知识。因此，应本书作者的邀约，我们将其翻译成中文，希望能给中国读者提供一些帮助。

首先这是一本细胞学专著，同时也是一本临床病例集锦。全书共涵盖166个临床病例，涉及犬、猫、马、奶牛等，但以犬、猫为主。本书的临床病例涵盖了体腔液、造血系统、泌尿生殖系统、骨骼肌肉系统、内分泌系统、消化系统、呼吸系统、耳鼻部、皮肤和皮下组织等处的细胞学。内容丰富详实，图片具有很强的代表性，问答式的讲解也有助于加深记忆。

以临床病例为模板的专著，虽然没有非常全面、系统的理论知识，但代入感很强，能够迅速吸引读者。不管是在校学生，还是临床检验员或兽医师，都可以将其作为便携的工具书，随手翻阅。古人常说"温故而知新"，我们在学习细胞学时，也可以将本书作为可靠的考核工具，检验一下平时所学。

正如本书作者所言，细胞学的学习是一个漫长的过程，我们不能希望在读了本书之后能在临床工作中仅靠一两个细胞学发现，就能迅速做出诊断，这也是原书作者最不愿意看到的。衷心希望大家能够掌握更好的学习方法，把医院或诊所里的显微镜充分利用起来，将细胞学诊断作为一项强有力的诊断手段，为患病动物提供更好的服务。

陈艳云，夏兆飞

2020 年 2 月 21 日

第 2 版序言

第 1 版出版至今已有 10 年了。从那时起，读者对细胞学的兴趣呈指数增长，出版社陆续出版了好几本关于细胞学的书籍。与其他书的不同之处在于，本书通过临床病例讲授细胞学知识，与临床紧密结合，实用性强。适用人群包括：每天与细胞学打交道的从业者，正在学习细胞学诊断的临床病理学实习生和解剖病理学实习生。

引用著名的人医细胞病理学家 Richard Mac DeMay 的一句话："欢迎来到充满艺术和科学的细胞病理学世界。"

Francesco Cian

Kathleen P. Freeman

第 1 版序言

本书旨在提供各种情况下遇到的具有代表性的细胞学病例。它并非涵盖所有情况，而是通过提供各种不同特征和模式的细胞学病例，可以让任何对细胞学感兴趣的人继续学习，并测试他们所学到的知识。只有极少数病例包含骨髓检查，读者不应该被误导，相信他们或许能够从单个视野来判读骨髓的整体情况；另外，读者在血液学方面也需要有广泛的知识和经验。

整本书所用的格式对大家描述和判读细胞学样本有积极的鼓励作用。不能忽视涂片描述的练习，对于初次尝试的读者而言，可能并不容易，但对于有鉴别能力的细胞学家，这是非常重要的。描述过程可为涂片中的细胞成分及非细胞成分提供系统的分析。

有时您能认识某些细胞或者形态特征，但是无法分类，我们要承认这种情况是很重要的。了解不同部位和不同样本的"正常"形态至关重要。认识正常样本是鉴别"正常"和异常的基础。细胞学学员应尽量获取和观察各种样本，包括不同的物种、年龄、生理状态、系统、采集方法、制片和染色方法，这是不容忽视的。只有先了解各种"正常"样本，才能在诊断各种不同的样本时更有信心。

一般情况下，描述有助于合理的判读。通过花时间描述，可区分不同的病理变化、精确的位置，或将特定物种纳入或者排除系统判读的范围。

细胞学学员开始对细胞学样本展开描述、提供判读结果，并结合涂片和病史进行分析时，需要强化练习。最常见的错误之一是让临床病史主导细胞学判读。临床病史应提供疾病的相关背景，涂片判读可从临床背景中得到一些线索。基于特殊病史，可能会给出一个或多个判读结果，但在确诊之前，还必须找到强有力的细胞学证据。

我们对诊断的信心也很重要。这可能会随经验、细胞学样本和临床病史的清晰性和相关性而变化。对临床医生而言，出具诊断报告的细胞学家对诊断的确定程度至关重要，临床医生可以平衡临床表现、病史与细胞学描述的关系，从而对疾病做出临床诊断。

对于希望踏上细胞学探索之旅的读者，我强烈建议您继续对经典病例进行准确的细胞学描述和诊断。在适当的时候，可以寻求组织学和 / 或临床记录的帮助。细胞学诊断是科学与艺术的结合，魅力永存，值得我们继续学习。

Kathleen P. Freeman

致　谢

作为本书的主编，这本书对我而言意义重大，因为它是我在学生时买的第一本细胞学教科书，Kathleen P. Freeman 是我外出访问期间拜访的第一位临床病埋学家。她帮我发现了兽医临床病理学之美，我希望本书读者也有同样的感受。

特别感谢我的家人，一直支持我的生活，还有来自世界各地的数千名加入并支持我 5 年前创建的兽医细胞学 Facebook 页面的人们。我们交换了很多关于细胞学的病例和细胞学中有趣的信息。希望他们在学习过程中能发现这本书有额外的帮助。

Francesco Cian

当出版商找我做本书第 2 版案例更新时，我决定找一位热心的年轻临床病理学家来接管主要的主编职责。Francesco Cian 完美地完成了这项任务。在过去的 10 年里，Francesco 和我一起工作，他不仅是我的学生，还是我的同事，他是一位非常熟练、知识渊博的细胞病理学家，我很高兴他从很多方面继续鼓励和教育他人来欣赏细胞学的魅力，包括这本案例汇编。我和Francesco 精心准备了第 2 版，希望读者能和我们一起享受这场细胞学盛宴。

Kathleen P. Freeman

图片致谢

图 64b 和图 95b，由 Heather Holloway 提供

图 100a，由 Elizabeth Welsh 提供

图 1a 和图 1b，由 Francesco Albanese 提供

图 158c，由 Roberta Rasotto 提供

缩写

ACTH	促肾上腺皮质激素	HDDS	高剂量地塞米松抑制试验
ALP	碱性磷酸酶	H & E	苏木素和伊红染液
ALT	丙氨酸氨基转移酶	LDDS	低剂量地塞米松一直试验
APTT	活化部分凝血酶原时间	MRI	核磁共振成像
AST	门冬氨酸转移酶	NADPH	烟酰胺腺嘌呤二核苷酸磷酸
BIN	支气管上皮内肿瘤	N:C	核质比
BUN	尿素氮	NCC	有核细胞计数
CBC	全血细胞计数	NSAID	非甾体消炎药
CNS	中枢神经系统	PARR	抗原受体重组 PCR 试验
CSF	脑脊液	PAS	过碘酸希夫染液
CT	断层扫描	PCR	聚合酶链式反应
DLH	家养长毛猫	PCV	血细胞比容
DSH	家养短毛猫	PT	凝血酶原时间
EDTA	乙二胺四乙酸	RBC	红细胞
EGC	嗜酸性肉芽肿复合体	RI	参考范围
ELISA	酶联免疫吸附试验	SCC	鳞状上皮癌
FeLV	猫白血病病毒	SG	比重
FIP	猫传染性腹膜炎	TP	总蛋白
FIV	猫免疫缺陷病毒	USG	尿比重
FNA	细针抽吸	UV	紫外线
GGT	γ - 谷酰胺转移酶	WBC	白细胞

目 录

转换系数

将 SI 单位转换为原有单位的转换系数

	SI 单位	转换系数	原有单位
血液学			
PCV	L/L	0.01	%
RBCs	$\times 10^{12}$/L	1	$\times 10^6$/μL
有核细胞计数	$\times 10^9$/L	1	$\times 10^3$/μL
嗜中性粒细胞	$\times 10^9$/L	1	$\times 10^3$/μL
血小板	$\times 10^9$/L	1	$\times 10^3$/μL
生化检查 / 内分泌检查			
ACTH	pmol/L	0.2222	pg/mL
白蛋白	g/L	10	g/dL
胆红素	μmol/L	17.1	mg/dL
胆固醇	mmol/L	0.0259	mg/dL
皮质醇	nmol/L	27.59	μg/dL
肌酐	μmol/L	88.4	mg/dL
球蛋白	g/L	10	g/dL
葡萄糖	mmol/L	0.0555	mg/dL
总蛋白	g/L	10	g/dL
总甲状腺素（总 T4）	nmol/L	12.87	μg/dL
甘油三酯	mmol/L	0.0113	mg/dL
尿素氮	mmol/L	0.357	mg/dL

病例分类

问题

病例1

一只 18 月龄的雄性暹罗猫，因近期出现多发性皮肤及皮下结节前来就诊。结节位于躯干、左唇部及四肢。结节直径大约 2 cm，圆形、光滑而无毛。注意图（图 1a）上患猫左上唇部的圆形脱毛区域。进行多次 FNA，其中一个涂片如图（图 1b，梅–谷–吉氏染色，40 倍油镜）所示。

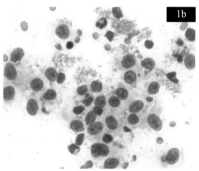

1 涂片由何种细胞构成？

2 您的判读结果是什么？

病例2

一只 9 岁雄性去势拉布拉多巡回猎犬，其爪部出现一个肿物。细针抽吸细胞学涂片如图（图 2a 和 2b；瑞氏吉姆萨染色，50 倍油镜）所示。

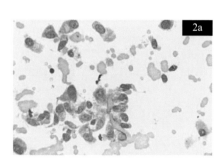
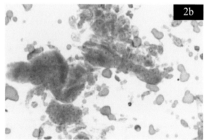

1 请描述所见的细胞。

2 您的细胞学判读结果是什么？

3 您的鉴别诊断包括哪些?

病例 3

一只 5 岁雄性去势腊肠犬,因颈部皮肤团块前来就诊。FNA 采集样本并送检,细胞学涂片如图(图 3;瑞氏吉姆萨染色,100 倍油镜)所示。

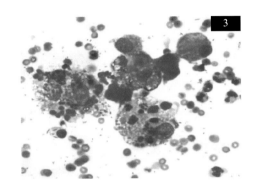

1 细胞学涂片上可见何种现象?

病例 4

一匹 12 岁雄性去势混种纯血马,因慢性体重下降前来就诊。就诊时,患马被毛粗糙、消瘦。送检腹水样本进行体腔液分析(红细胞计数 =20×10^9/L;NCC=15×10^9/L;TP=32 g/L)及细胞学评估(图 4;巴氏染色,100 倍油镜)。马和牛的胸腔及腹腔积液的参考范围如下表所示。

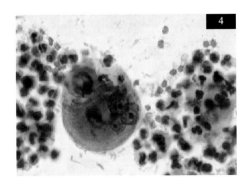

项目	TP	NCC
漏出液	<15 g/L	<5×10^9/L
改性漏出液	5~35 g/L	<15×10^9/L
渗出液	>35 g/L	>10×10^9/L

1　患马的腹水应归为何种类型？

2　细胞学涂片上为何种细胞？

3　您的判读结果是什么？

病例 5

图 5a 所示的黄色积液为一只猫的腹腔 FNA 液，患猫 2 岁，出现发热及腹围增大。细胞学涂片如图（图 5b 和 5c；瑞氏吉姆萨染色，分别为 50 倍油镜及 100 倍油镜）所示。积液的实验室结果为：TP=65.5 g/L；SG=1.042；NCC=0.43×10^9/L；RBCs=0.01×10^{12}/L。鉴于积液的蛋白质浓度很高，因此进行了蛋白质电泳检查（图 5d）。

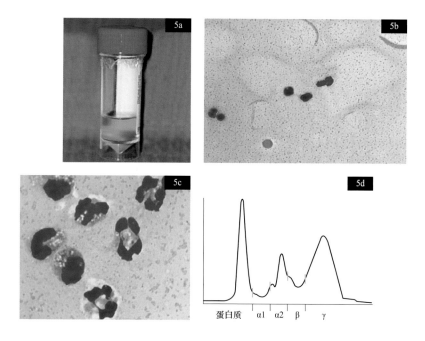

1 请结合细胞学涂片及实验室数据对积液进行分类。

2 请判读蛋白质电泳结果。

3 尽管蛋白质电泳并不提示特定疾病，但结合本病例的其他结果，最主要的鉴别诊断是什么？

病例 6

一只 8 岁雌性绝育史宾格犬因四肢进行性共济失调、步态蹒跚及行为变化到急诊室就诊。该患犬于一年前手术切除了单发的乳腺癌。神经学检查及 MRI 提示脑部多发性病变。从小脑延髓池无菌采集 CSF 样本，结果 TNCC=30 个细胞 /μL（RI=0~6/μL）；RBCs=90 个细胞 /μL；蛋白质 =0.25 g/L（RI≤0.35 g/L）。细胞学涂片如图（图 6a；瑞氏吉姆萨染色，50 倍油镜）所示。

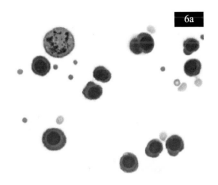

1 请描述涂片上的细胞。

2 根据细胞学所见，请问您的鉴别诊断有哪些？推荐的进一步检查是什么？

病例 7

一头荷斯坦奶牛的下颌出现坚实的溃疡性团块（图 7a）。FNA 采集样本，细胞学涂片如图（图 7b；瑞氏吉姆萨染色，100 倍油镜）所示。

1 涂片中出现的是何种细胞？

2 您的判读结果是什么？

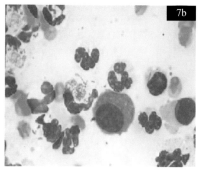

病例 8

一只 16 周龄的雌性哈士奇混血犬，因持续性腹泻前来就诊。粪便涂片如图（图 8；革兰染色，100 倍油镜）所示。

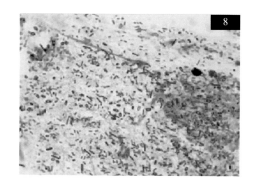

1 请描述所见的微生物。

2 这些革兰阳性产芽孢杆菌是否提示为产气荚膜梭菌？

病例 9

一只 6 岁雄性大麦町犬因左腕部皮肤小结节前来就诊，结节生长缓慢，细胞学涂片如图（图 9；瑞氏吉姆萨染色，50 倍油镜）所示。

1 请对涂片进行描述。

2 您的判读结果是什么？

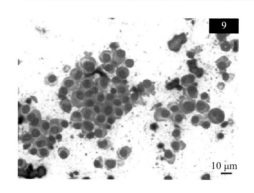

10 μm

病例 10

一只 5 岁的雄性比格犬，下图（图 10；瑞氏吉姆萨染色，50 倍油镜）为其腹腔积液的细胞沉渣涂片。

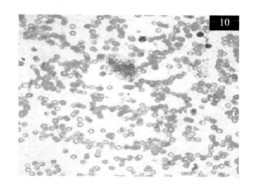

1 涂片所示的特点是什么？

2 腹腔积液观察到这些特点的意义是什么？

病例 11

一只 19 岁的雄性去势 DSH，因嗜睡及厌食前来就诊。体格检查时，可触诊到一个前腹部肿物；超声检查提示存在少量游离液体，且有一个 3 cm×3 cm 的前腹部肿物。游离液体的细胞学沉渣制成涂片送检评估（图 11a 和 11b；瑞氏吉姆萨染色，分别为 20 倍和 50 倍油镜）。

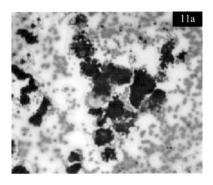
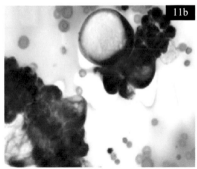

1　这些细胞最可能起源于哪里？

2　这些细胞表现出哪些恶性特征？

3　您的判读结果是什么？

病例 12

一只猫的耳部及面部出现溃疡及出血（图 12a）。FNA 采样后，细胞学涂片如图（图 12b；瑞氏吉姆萨染色，100 倍油镜）所示。

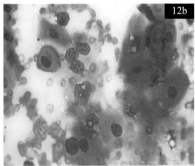

1　这些为何种细胞？

2　您的鉴别诊断有哪些？

病例 13

一匹 12 岁的雄性英国温血马因鞍部出现一个小的皮肤病变而前来就诊。

肿物无脱毛现象，为一个质软、边界清晰、直径 2～3 cm 的结节。对肿物进行细针抽吸，细胞学涂片如图（图 13a 和 13b；瑞氏吉姆萨染色，分别为 50 倍和 100 倍油镜）所示。

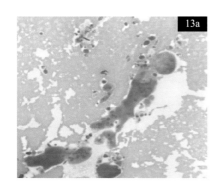
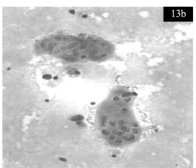

1 请描述涂片中的细胞形态。

2 根据这些细胞，您的鉴别诊断有哪些？

病例 14

一只 6 岁金毛巡回猎犬左跗关节出现一个生长快速、边界不清的肿物。肿物位于皮下并向肢体附近延伸。表面皮肤出现红斑及溃疡。FNA 采样并制备涂片（图 14；吉姆萨染色，100 倍油镜）。

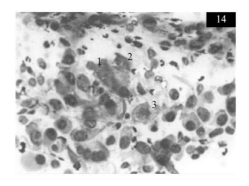

1 请描述图中的细胞并对其分类。

2 这些细胞出现了哪些恶性特征？

3 是否能做出一个可能的诊断？

病例 15

一只 10 岁的雌性拳师犬因持续发情及外阴血性分泌物前来就诊。腹部超声提示左侧卵巢存在一个 7 cm 的实质性肿物。FNA 采集卵巢肿物样本，细胞学涂片如图（图 15a-c；Diff-Quik® 染色，分别为 20 倍、40 倍及 10 倍油镜）所示。

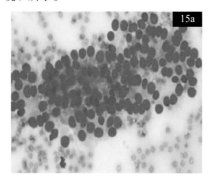
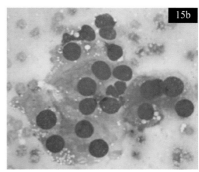

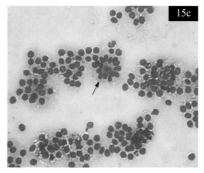

1 这些细胞属于哪种类型？最具有代表性的特征是什么？

2 对于卵巢肿物，您的鉴别诊断有哪些？

3 您最终的判读结果是什么？

病例 16

鉴别这张图片中的外源性物质或可能的异物（图 16；瑞氏吉姆萨染色，

50倍油镜）。

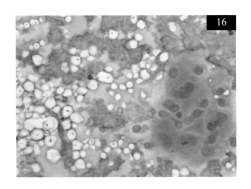

病例 17

一只 13 岁老年猫的外耳道出现了光滑的结节样病变（图 17a 和 17b；瑞氏吉姆萨染色，分别为 40 倍和 100 倍油镜）。

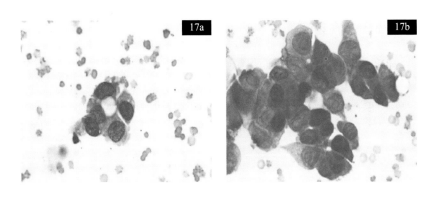

1 请描述涂片中存在的细胞类型。

2 这些细胞起源于哪种类型的细胞？

3 这些表现具有恶性特征吗？

病例 18

12 岁雌性家养短毛猫，2 周以来厌食，间歇性呕吐。腹部超声可见一个边界清晰的 4 cm 肠系膜肿物，伴有中量腹腔积液。镇静状态下，超声引导对腹腔肿物进行 FNA。细胞学涂片如图（图 18a 和 b；瑞氏吉姆萨染色，分别为 20 倍和 100 倍油镜）所示。

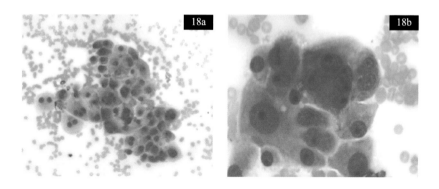

1 请描述图片中的细胞。
2 根据这些细胞学发现，您的鉴别诊断有哪些？您会做哪些进一步检查？

病例 19

一只 12 岁雄性去势家养短毛猫，出现多饮、多尿、多食、腹围增大、肌肉萎缩、脱毛、皮脂溢和泌尿道感染。ACTH 刺激试验和地塞米松抑制试验确诊肾上腺皮质机能亢进。超声检查发现右侧肾上腺肿物。切除单侧肾上腺后，对肿物压片进行细胞学检查（图 19a 和 19b；雷氏曼染色，40 倍和 100 倍油镜）。肿物送检进行组织病理学检查。

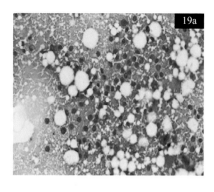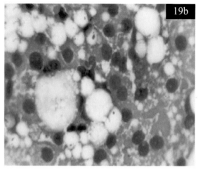

1 请描述有核细胞的细胞学特征。

2 这些细胞的起源是什么？或者可能是哪种类型的细胞？

3 基于这些细胞，您的诊断可能是什么？

病例 20

一只 5 岁的德国短毛波音达犬，出现急性颈部感觉过敏和前肢神经功能障碍。该犬住院后，笼养休息并给予止疼药，但入夜后状况恶化，卧地不起无法行走。颈部和胸部脊柱 MRI 可见该区域内弥散性髓内高信号。小脑延髓池内采集 CSF。CSF 涂片见图 20（瑞氏吉姆萨染色，50 倍油镜）。

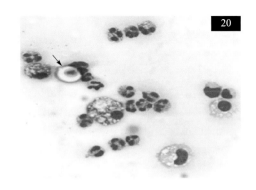

20

1 请描述您在图片中的发现。

2 根据细胞学发现，您的判读结果是什么？

病例 21

患猫因发热、肺炎和呼吸困难前来就诊。获取胸腔积液并利用沉渣制作涂片，如图所示（图 21a 和 21b；瑞氏吉姆萨染色，分别为 50 倍和 100 倍油镜）。支气管肺泡灌洗也可见类似的表现。

1 鉴别渗出性积液中的病原，请根据图片确定病原处于生活史的哪个阶段。

2 您希望进行哪些实验室检查来支持细胞学诊断？

3 假定获得了进一步的实验室结果，您从以下数值中可以确认什么：IgM-ELISA～1∶256；IgG-ELISA～1∶64？

4 弓形虫是一种潜在的人畜共患病。与其他人相比，猫主人和兽医感染刚地弓形虫的风险会更高吗？

5 血清学阳性猫对孕妇或免疫力低下的人有风险吗？

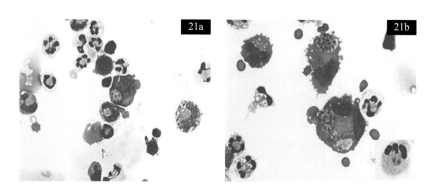

病例 22

实验室需要质量保证程序来监控、评估和改进实验室操作。美国兽医临床病理学会《质量保证和实验室标准》提供了兽医细胞学的质量保证指南。

1 兽医细胞学的质量保证原则是什么？如何确定细胞学的诊断准确性？

病例 23

超声引导下 FNA 采集胰腺内的低回声病灶。涂片如图所示（图 23a 和 23b；瑞氏吉姆萨染色，分别为 10 倍和 100 倍油镜）。

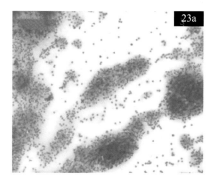
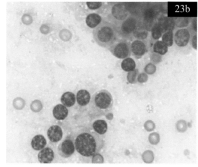

1 请描述图片中的细胞。

2 您对这些发现的判读结果是什么？

病例 24

一只 2 岁杂种犬的阴茎背侧可见菜花样肿物（图 24a）。对肿物进行 FNA。抽吸涂片如图所示（图 24b；瑞氏吉姆萨染色，50 倍油镜）。

1 请描述图片中的细胞。

2 您对这些细胞学发现的判读结果是什么？

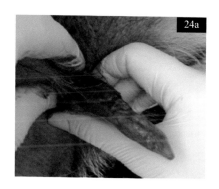

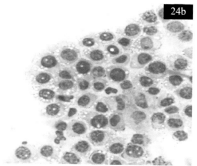

病例 25

FNA 采集患猫的淋巴结。抽吸涂片如图所示（图 25a-c；图 25a 和 25b，梅–谷–吉氏染色，分别为 40 倍和 100 倍油镜；图 25c，抗酸染色，100 倍油镜）。

1 请描述涂片中的细胞。

2 您的判读结果是什么？鉴别诊断有哪些？

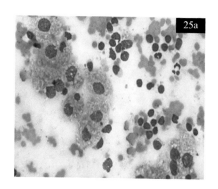

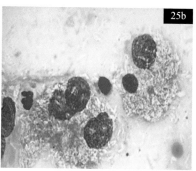

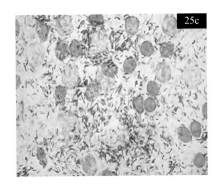

病例 26

　　一只 1 岁雄性绝育家养短毛猫，精神沉郁、厌食，临床检查发现黏膜黄染，异常生化检查指标包括：ALT=114 U/L（RI=32～87 U/L）；GGT=14.3（RI=0.1～0.6 U/L）；总胆红素 =73 μmol/L（RI=2.4～4.4 μmol/L）；TP=95 g/L（RI=63～78 g/L）；白蛋白 =28 g/L（RI=30～40 g/L）；球蛋白 =67 g/dL（RI=30～45 g/L），肝脏 FNA 细胞学涂片如图所示（图 26；梅–谷–吉氏染色，100 倍油镜）。

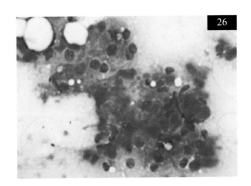

1　请描述细胞学发现，并给出您的细胞学判读。

2　为进一步确诊需要补充哪些检测？

病例 27

　　一只 8 岁的犬表现出发热的临床症状，且出现伴随退行性核左移的显著中毒性白细胞象。对其进行了支气管肺泡灌洗，灌洗液细胞学涂片如图所示（图 27a-c；图 27a 和 27b 瑞氏吉姆萨染色，50 倍油镜；图 27c，瑞氏吉姆萨染色，100 倍油镜）。

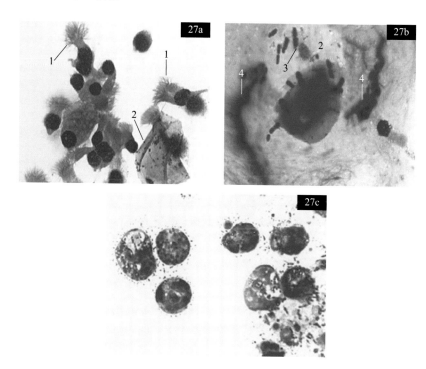

1　鉴别图 27a 和图 27b 中标记为 1、2、3、4 的细胞或结构，并阐明其在支气管肺泡灌洗中的意义。

2　请解释图 27c 所见的病理过程。

3　如何确定灌洗液中细菌的临床意义？

4　嗜酸性粒细胞在吞噬和杀死细菌方面是否比嗜中性粒细胞更有效？

病例 28

一只 7 岁雄性去势威尔士矮脚马的颈部有一个坚硬的包块，FNA 涂片如图所示（图 28；瑞氏吉姆萨染色，100 倍油镜）。

1　请描述涂片中所显示的结构。

2 您的判断结果是什么？

3 您的鉴别诊断是什么？

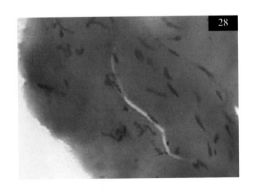

病例 29

一只 13 岁雄性去势猎狐狸因呕吐和腹部疼痛前来就诊，临床检查发现该犬体况较差，黏膜黄疸，异常血液学结果包括：WBCs=12.99×10⁹/L［RI=(5.45～12.98)×10⁹/L］；单核细胞 =1.03×10⁹/L［RI=(0.18～0.79)×10⁹/L］。嗜中性粒细胞表现出严重核左移和中毒性变化。异常的生化检查包括：AST=112 U/L（RI=15～35 U/L）；ALT=1487（RI=32～87 U/L）；ALP=7235（RI=19～70 U/L）；GGT=135.4（RI=0.1～0.6 U/L）；总胆红素 =117.4 μmol/L（RI=2.4～4.4 μmol/L）；胆固醇 =11.8 mmol/L（RI=4.03～9.54 mmol/L）；C 反应蛋白 =623.1 mg/L（RI=0.1～2.2 mg/L）；结合珠蛋白 =243 g/L（RI=10～960 g/L）。肝脏 FNA 涂片如图所示（图 29；梅–谷–吉氏染色，100倍油镜）。

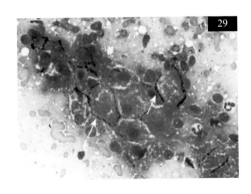

1　这个肝脏抽吸涂片中最重要的特征是什么？

2　根据所有这些发现，最可能的原因是什么？

病例30

一只3岁绝育公犬，颈部出现一个高尔夫球大小的皮下结节，发生破裂后于4周前引流。该犬当时初步诊断为脓肿，并接受阿莫西林和类固醇治疗。之后几周患犬出现多发性溃疡性皮肤肿块。从其中一个新发病灶进行FNA。抽吸物涂片如图所示（图30；瑞氏吉姆萨染色，100倍油镜）。

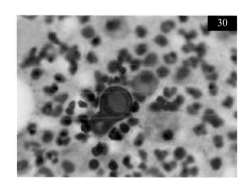

1　请鉴别图中的微生物。

2　鉴定这种生物的主要形态学特点是什么？

病例31

使用局部耳用药膏对一只患外耳炎的5岁纽芬兰犬进行几周的治疗。由于临床反应不佳，对大量深褐色渗出物（气味发甜）进行了一些细胞学涂片检查（图31a和31b；瑞氏吉姆萨染色；分别为10倍和100倍油镜）。

1　请描述您的所见。

2　您如何判定这些酵母菌的临床意义？

3　马拉色菌是如何引起外耳炎的？

4　哪种特殊染色方法可以诊断马拉色菌？这种染色的特点是什么？

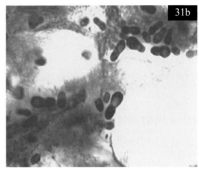

病例 32

对一只犬的一个坚硬、边界明显、游离性较强的皮肤肿块进行 FNA。抽吸物涂片如图所示（图 32a 和 32b；瑞氏吉姆萨染色，分别为 50 倍和 100 倍油镜）。

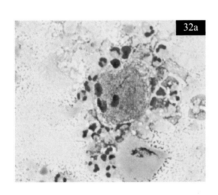
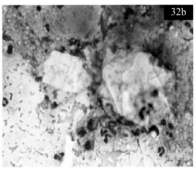

1 细胞学涂片提示了什么过程？

2 您最终的判读结果是什么？

病例 33

这是来自马厩的一匹 9 岁的马，在其眼部尾外侧骨上发现一海绵状肿块。FNA 采集样本（图 33a）。抽吸物涂片如图所示（图 33b；瑞氏吉姆萨染色、100 倍油镜）。

1 图片所示的是什么细胞？

2 您的判读结果是什么？

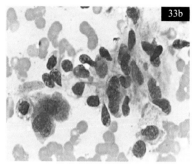

病例 34

一只 10 岁雄性约克夏㹴犬前来进行年度免疫，临床体格检查发现在肛门 6 点钟位置存在一个直径 1 cm、无游离性的坚实肿物。对肿物进行细针抽吸 （FNA），涂片染色如图所示（图 34a 和 34b；梅–谷–吉氏染色，40 倍油镜）。

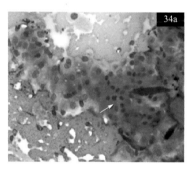
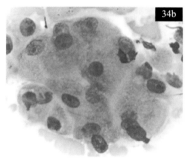

1　请描述这些涂片的细胞学特征。

2　您的判读结果是什么？

病例 35

一只 8 岁雌性拳师犬，该犬因偶尔咳嗽，在颈腹侧、气管外侧可见深部大肿物而就诊。细针抽吸肿物涂片染色（图 35a 和 35b；梅–谷–吉氏染色，分别为 40 倍和 100 倍油镜）。

1　请描述涂片中的细胞特征，并进行简单描述。

2　您的判读结果是什么？您推荐进一步做什么诊断？

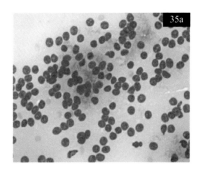
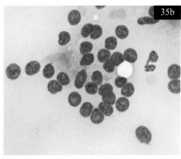

病例 36

一只弗里赛奶牛眼睑肿胀，具有严重的眼睑痉挛和眼睛分泌物（图 36a）。细针抽吸采集样本。抽吸物涂片如图所示（图 36b；瑞氏吉姆萨染色，100 倍油镜）。

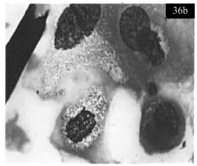

1 请问涂片上出现了什么细胞？
2 细胞学判读结果是什么？

病例 37

一只犬头部脱毛、结痂，采集皮肤刮片样本。样本经稀释碱（10% KOH）透明处理，然后 15 min 后拍照，如图所示（图 37a 和 37b；未染色，分别为 10 倍和 100 倍油镜）。

1 请描述图片特征。
2 对于这些表现，您的判读结果是什么？

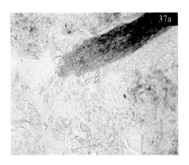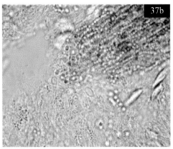

病例 38

一只 3 岁纯血赛马因为表现不佳而就诊。检查包括支气管肺泡灌洗样本采集，灌洗液涂片如图所示（图 38a 和 38b；巴氏染色，分别为 50 倍和 100 倍油镜）。

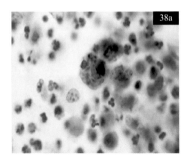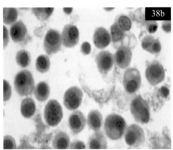

1　在显微照片中出现了什么类型的细胞？

2　在显微照片中的噬铁细胞内有什么不同之处？

3　根据细胞学发现，您的判读结果是什么？

病例 39

一只成年雌性拳师犬，在乳腺区域出现明显但不规则的肿物。对肿物进行细针抽吸，抽吸物涂片如图所示（图 39a 和 39b；瑞氏吉姆萨染色，分别为 20 倍和 100 倍油镜）。

1　请描述涂片中所示的细胞特征。

2　对于这些发现，您的判读结果是什么？

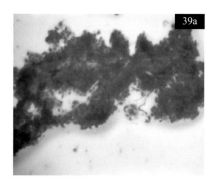
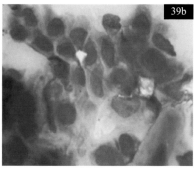

病例 40

一只老年拉布拉多犬，在齿龈出现一个坚硬无痛的肿物（图 40a）。对肿物进行 FNA，抽吸物涂片如图所示（图 40b；瑞氏吉姆萨染色，100 倍油镜）。

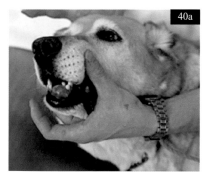
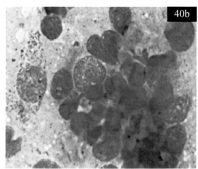

1　涂片上出现了什么细胞？
2　您的判读结果是什么？

病例 41

一只 11 岁雄性德国硬毛波音达犬，在右跗关节外侧发现一个肿物，肿物坚硬、无疼痛，直径为 1 cm。对肿物进行 FNA，涂片如图所示（图 41a 和 41b；梅–谷–吉氏染色，分别为 20 倍和 100 倍油镜）。

1　请描述细胞学发现并解释。
2　还需要进行什么检查来确诊？

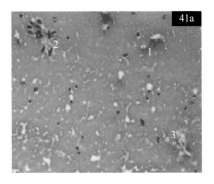
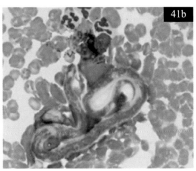

病例 42

一只 1 岁雌性已绝育混血犬，在肩胛间区域出现一个约 5 cm 的皮下肿物。这只犬最近做过绝育。对肿物进行细针抽吸，涂片如图所示（图 42a 和 42b；梅–谷–吉氏染色，分别为 40 倍和 100 倍油镜）。

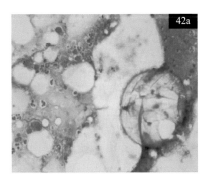
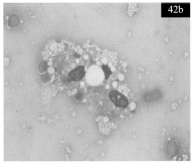

1 确定涂片中出现的细胞种类，并描述最相关的特征。

2 您的判读结果是什么？

病例 43

一只 15 月龄雄性英国史宾格犬，表现为慢性并持续恶化的排痰性咳嗽。该犬服用 1 周多西环素治疗无效，最近开始厌食。临床检查该犬轻度发热。胸部 X 线检查提示支气管肺炎，内窥镜检查发现严重的扁桃体炎、喉炎和气管炎。对痰液进行涂片，如图所示（图 43a 和 43b；改良瑞氏染色，分别为

10 倍和 100 倍油镜)。

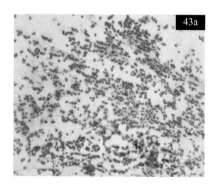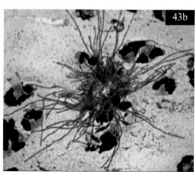

1　请描述图片的特征。

2　对这些表现，您的判读是什么？

3　这些微生物与其他什么疾病有关？

病例 44

一只 13 岁雌性混血犬，对下颌淋巴结进行 FNA，涂片如图所示（图 44；瑞氏吉姆萨染色，50 倍油镜)。

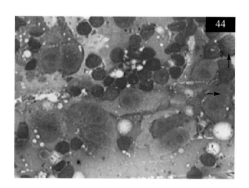

1　请描述涂片上看到的细胞，您的判读结果是什么？

2　根据转移细胞的细胞学特征，您最有可能的鉴别诊断是什么？

3　哪种特殊染色可以用于确诊？

4　哪种肿瘤可能转移到局部淋巴结：癌还是肉瘤？

病例 45

　　一只 3 岁雌性已绝育查理士王小猎犬，具有咳嗽和呼吸困难的病史。胸部 X 线检查显示广泛的支气管间质型肺炎，获取支气管肺泡灌洗（BAL）样本送检进行分析，样本涂片染色，如图所示（图 45a 和 45b；瑞氏吉姆萨染色，分别为 10 倍和 50 倍油镜）。

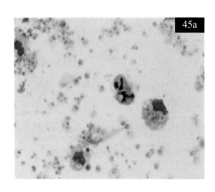
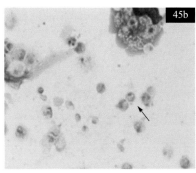

　　1　在支气管肺泡灌洗液样本中可见什么类型的炎性细胞？
　　2　在图 45b 中，箭头所指的结构是什么？

病例 46

　　在超声引导下对一只犬胰腺内不规则低回声病灶进行 FNA，并收集样本。对涂片物进行涂片，如图所示（图 46a 和 46b；瑞氏吉姆萨染色，分别为 20 倍和 100 倍油镜）。

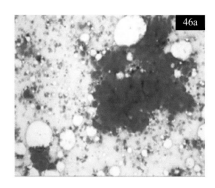
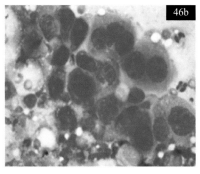

1　请描述显微照片中所显示的特征。

2　根据这些发现，您的判读结果是什么？

病例 47

一只 16 周龄的西施犬，出现黏液性腹泻。该犬表面上很健康，且食欲良好。进行硫酸锌粪便漂浮，如图所示（图 47a；40 倍油镜），滴加生理盐水进行对照（图 47b；40 倍油镜）。

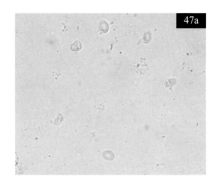 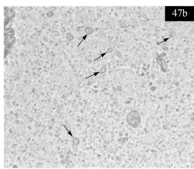

1　这些生物体是什么？

2　请描述如何进行硫酸锌粪便漂浮，从何处寻找包囊？

3　酵母细胞比这些包囊更大或更小？它们是否会漂浮？

病例 48

一只 6 岁雌性雪纳瑞，出现多饮 / 多尿和夜间排尿频繁。体格检查显示该犬活泼和警觉，轻度肥胖，并且腹围增大。腹部触诊肝脏明显增大。其他体格检查处于正常范围。异常生化指标如下：AST=253 U/L（RI=14～38 U/L），ALT =450 U/L（RI=10～71 U/L），ALP=2300 U/L（RI=4～110 U/L），GLU=7.78 mmol/L（RI=4.4～7.0 mmol/L），BIL=1.7 μmol/L（RI=0～6.8 μmol/L）。对肝脏进行 FNA，对抽吸物涂片，如图所示（图 48；瑞氏吉姆萨染色，20 倍油镜）。

1　请描述 FNA 的细胞学特征，并给出解释。

2　简要讨论生化指标。它如何支持细胞学发现？

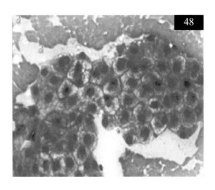

3 讨论其他诊断检查来确诊潜在疾病。

病例 49

一只 11 岁雄性罗威纳犬。表现出虚弱、嗜睡和跛行的病史。对骨髓进行 FNA。采集样本涂片如图所示（图 49a 和 49b；梅–谷–吉氏染色，分别为 40 倍和 100 倍油镜）。

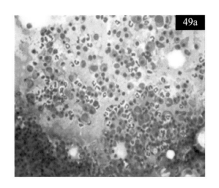
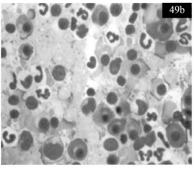

1 请描述涂片中出现的细胞，并提供全面的解释。
2 您的判读结果是什么，还有什么诊断可用于确诊这种假设？

病例 50

一只 4 岁雄性已去势西施犬，因为痛性尿淋漓、尿频和尿血就诊。之前怀疑膀胱炎用过抗生素治疗。腹部 X 线片显示在膀胱可见不透射线单个结石。没有出现肾结石或输尿管。尿检结果显示：USG=1.046（RI=1.020～1.045），pH=5.0（RI=5.0～7.0）。尿试纸条检测蛋白（++）和潜血（++++）。尿沉渣检查可见大量红细胞和结晶（图50a；未染色尿沉渣，40倍油镜），同时伴有中等数量的白细胞和移行上皮细胞。

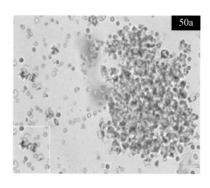

1　在显微照片中显示的是什么结晶？

2　在什么pH范围内形成这些结晶？

3　血尿如何解释？

病例51

　　一只8岁繁殖母马（先前生过3匹马驹），有反复子宫感染病史，曾用过抗生素治疗。采集子宫冲洗液来确定母马的疾病状态。对冲洗液进行涂片，如图所示（图51a和51b；巴氏染色，分别为50倍和100倍油镜）。

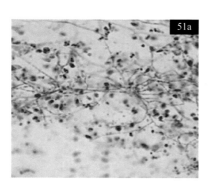
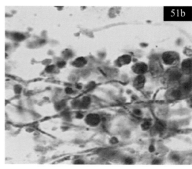

1　请描述所显示的特征。

2　根据这些发现，您的判读结果是什么？

3　这些发现的意义是什么？

病例 52

一只 12 岁雌性已绝育 DLH，出现活力下降、体重减轻和呼吸困难。体格检查提示猫呼吸困难和发热。X 线检查提示在肺野可见无数、多病灶、小的、不明确的浊斑。采用细胞离心法制备支气管肺泡灌洗液涂片，如图所示（图 52；瑞氏吉姆萨染色，100 倍油镜）。

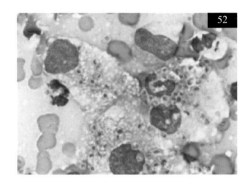

1　鉴别图中是什么微生物？

2　感染这些微生物的常见途径是什么？

病例 53

一只 5 岁拳师犬出现单侧鼻衄急性发作。这只犬体重不足，体格检查显示广泛性淋巴结肿大。对左侧腘淋巴结进行 FNA，对抽吸物涂片如图所示（图 53a 和 53b；瑞氏吉姆萨染色，分别为 50 倍和 100 倍油镜）。

1　请描述图 53a 中主要的变化。在图 53b 中央的大细胞为单核巨噬细胞，描述在这个细胞的细胞质内的微生物，您的判读结果是什么？

2　实验室检查提示非再生性贫血、高球蛋白血症，以多克隆 γ- 球蛋白为主，轻度氮质血症。凝血指标无异常。如何解释鼻衄？

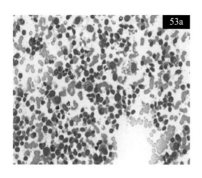
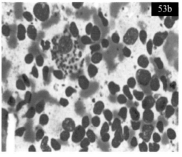

病例 54

一只 7 岁雌性已绝育拉布拉多犬，在鼻背部出现急性结痂和龟裂。一些鼻部皮肤（鼻孔周围无毛皮肤）颜色变灰（脱色）。局部使用免疫抑制剂后临床症状有改善，但是没有解决。该犬眼周 / 睑缘皮肤脱屑，皮肤增厚。对早期出现的脓疱进行皮肤活检，并对较大脓疱的内容物进行抽吸并涂片，如图所示（图 54a；瑞氏吉姆萨染色，40 倍油镜）。

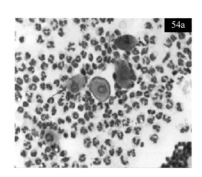
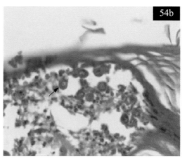

1　请识别箭头所指的结构。

2　请列出这个发现的两个鉴别诊断。

病例 55

一只猫具有炎性白细胞象和中毒性核左移（图 55a），进行腹腔穿刺获得的样本。生化检查提示 ALP 和 ALT 中度升高，轻度氮质血症。对体腔液进行分析，TP =33.9 g/L，ALB=14.1 g/L，GLO=19.8 g/L，A/G=0.7，SG=1.028，

NCC=150.9×10^9/L，RBC=0.04×10^{12}/L。体腔液涂片如图所示（图 55b；瑞氏吉姆萨染色，100 倍油镜）。

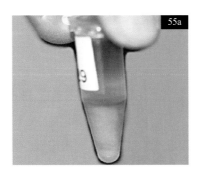
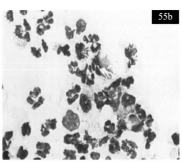

1 利用实验室数据和显微照片对液体样本进行分析。

2 根据图 55b，样本中含有多种细菌，包括杆菌、球菌和丝状菌，需要再进行两种实验室检查，或送检到商业实验室。

3 从脓胸和败血性腹膜炎中分离到的最常见的细菌是什么？

病例 56

一匹刚断奶马驹表现出发热，中度黏脓性鼻分泌物和喘息音，胸部听诊有啰音。采集气管灌洗液，对灌洗液涂片，如图所示（图 56a；萨诺改良波拉克三色法，50 倍油镜）。

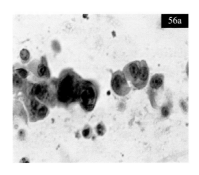

1 在显微照片中显示的细胞是什么？

2 这些发现有什么临床意义？

病例 57

一只 3 岁雌性已绝育 DSH，在分娩后出现 3 周的呼吸困难病史。体格检查显示呼吸急促、心动过速和发热。腹部触诊发现腹内尾侧有一大肿物。对腹部肿物进行抽吸细胞学检查，如图所示（图 57a 和 57b；瑞氏吉姆萨染色，分别为 60 倍和 100 倍油镜）。

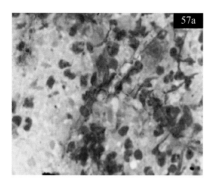
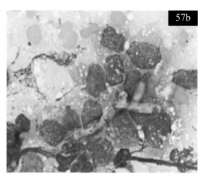

1 您的细胞学判读结果是什么？

2 根据微生物列出可能的鉴别诊断。

病例 58

一只 11 岁雌性已绝育约克夏㹴犬，因双侧下颌区域增大而就诊。对此区域进行 FNA 采样并涂片，如图所示（图 58a；瑞氏吉姆萨染色，分别为 10 倍和 50 倍油镜）。

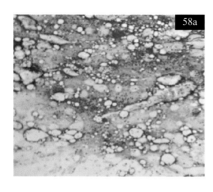
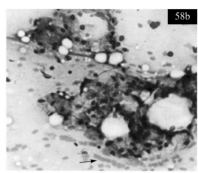

1 显微照片中显示的是什么类型的细胞？

2 显微照片图 58b 中，箭头所指的红细胞呈线性排列，也称为"风干束"，这是什么原因？

病例 59

·只 3 岁雄性已去势 DSH，4 个月以来，持续存在吸气困难和严重鼻堵塞。该猫在过去几周体重下降，有时厌食。体格检查显示脱水约 10%，发热［39.8℃（103.6°F）］，单侧鼻腔可见黏液血性分泌物，同侧下颌淋巴结增大。转诊医生相继用过恩诺沙星、多西环素和阿莫西林 / 克拉维酸钾，症状未得到改善。最近打过疫苗并散养。对鼻分泌物进行涂片，如图所示（图 59；瑞氏染色，100 倍油镜）。

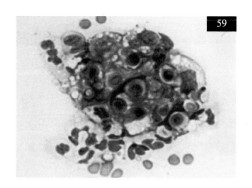

1 根据细胞学观察，您的判读结果是什么？

2 还需进行其他什么检查来支持这种诊断？

病例 60

一只 8 岁雌性已绝育 DSH，出现 2 周间歇性呕吐病史。嗜睡和厌食急性发作。体格检查的重要发现包括黄疸和严重肝肿大。CBC 结果提示中度非再生性贫血（PCV=0.23 L/L）。异常生化指标包括 ALT=360 U/L（RI=10～80 U/L），ALP=120 U/L（RI=2～43 U/L），BIL=55 μmol/L（RI=0～3.4 μmol/L）。对肝脏进行 FNA，并对抽吸物进行涂片，如图所示（图 60；瑞氏吉姆萨染色，25 倍）。

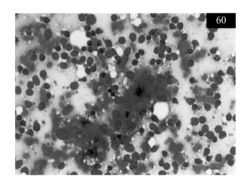

1　请描述细胞学发现，并给出您的细胞学解释。

2　请讨论这种情况。

病例 61

在显微镜中识别外源性和可能的异物（图 61；瑞氏吉姆萨染色，100 倍油镜）。

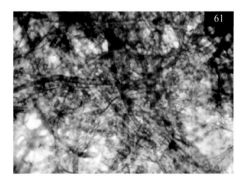

病例 62

一只 9 岁雌性已绝育 DSH 出现下颌肿胀。对下颌淋巴结进行细针抽吸，并对抽吸物涂片，如图所示（图 62；梅–谷–吉氏染色，100 倍油镜）。

1　请确定在涂片中存在的主要细胞类型，并描述最相关的特征。

2　您的判读结果是什么？

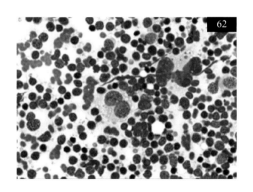

病例 63

在纽约城的一匹 14 岁驾辕马，慢性咳嗽病史。进行气管灌洗获得样本，并进行涂片，如图所示（图 63；阿辛蓝-对氨基水杨酸加巴氏染色，40 倍油镜）。

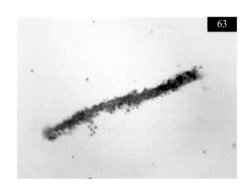

1 在显微照片中显示的结构是什么？
2 这些发现有什么临床意义？

病例 64

一只 6 岁的雌性已绝育 DSH，表现出慢性体重减轻，近期出现呕吐，严重的精神沉郁，体格检查可见黏膜苍白，黄疸。体温 38℃（100.4 ℉），脉搏、呼吸频率轻度增加，腹部触诊及 X 线检查发现弥散性肝肿大。外周血液学检查发现红细胞形态异常，包括严重的棘形红细胞增多症。异常生化指标：AST=150 U/L（RI=2～36 U/L）；ALT=350 U/L（RI=6～80 U/L）；

ALP=135 U/L（RI=2～43 U/L）；胆红素 =68 μmol/L（RI=0～3.4 μmol/L）。对肝脏进行 FNA 获得肝脏样本，并进行涂片，如图所示（图 64a；瑞氏吉姆萨染色，25 倍油镜）。

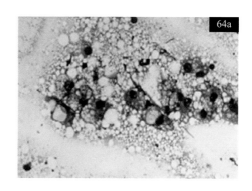

1　请解释异常红细胞形态和生化异常。

2　请描述细胞学发现，并给出您的细胞学判读结果。

3　请列出您的鉴别诊断。

病例 65

　　一只 10 岁雄性已绝育喜乐蒂牧羊犬近 3 d 表现出腹泻、呕吐、厌食、嗜睡等症状，体格检查发现体重减轻，腹部触诊发现腹部头侧有肿物。胸部 X 线检查正常。腹部 X 线检查发现肝脏增大，取代了胃和小肠的位置，胃幽门出口处堵塞。腹部超声提示整个肝脏出现弥漫性病变。CBC 检查提示中度贫血，白细胞减少症，血小板减少症，生化结果如下：AST=8 480 U/L（RI=14～38 U/L）；ALT=10 900 U/ L（RI=10～71 U/L）；ALP=1 476 U/L（RI=4～110 U/L）；BIL=202 μmol/L（RI=0～6.8 μmol/L）；BUN=1.4 mmol/L（RI=2.1～9.4 mmol/L）；TP=44 g/L（RI=56～75 g/L）。对肝脏进行 FNA 并涂片，如图所示（图 65；瑞氏吉姆萨染色，25 倍油镜）。

1　请描述细胞学发现，给出您的细胞学判读结果。

2　讨论在犬出现这种疾病时不同的表现形式。

3　请讨论这只患犬的预后。

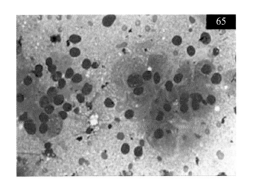

病例 66

一只 6 岁雄性已去势罗威纳犬，出现僵硬、嗜睡以及轻度双侧膝关节积液，未出现抽搐，从两侧膝关节采集关节液，双侧积液特征相似（图 66a 和 66b；瑞氏吉姆萨染色，分别为 50 倍和 100 倍油镜），关节液分析发现 RBCs≤10×10^{12}/L；TNCC=3.2×10^9/L；TP=40 g/L；黏蛋白凝集试验正常；黏度正常。

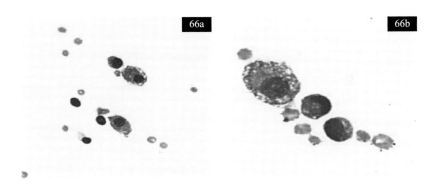

1　请描述上面两个显微照片所示的细胞类型及特征。

2　对于这个病例您的判读是什么？您将如何评论？

病例 67

一只 9 岁雄性德国牧羊犬，因其皮肤上出现无法切除的肥大细胞瘤，需要进行再分期，之前已经进行化疗和放射疗法，腹腔超声检查提示轻度肝脏增大，以及弥散性回声增强。对肝脏进行 FNA 并送检，抽吸物涂片如图所示（图 67；瑞氏吉姆萨染色，100 倍油镜）。

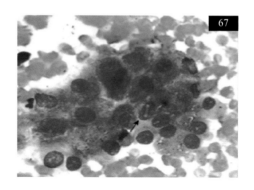

1 箭头所指的结构是什么？

病例 68

一只 6 岁雄性已去势拉布拉多犬，从床上跳下来后右前肢出现无负重、跛行症状，X 线检查提示右侧肱骨远端出现溶解性-增生性骨病变。通过前侧手术通路获得 4 个环钻活检组织，滚动制备涂片送检进行细胞学评估（图 68a 和图 68b 均为瑞氏吉姆萨染色，50 倍油镜）。

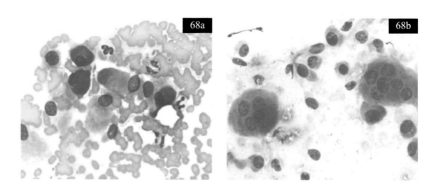

1 显微照片图 68a 中主要的细胞类型是什么？

2 显微照片图 68b 中大的多核细胞是什么？

3 您可能的诊断是什么？

4 为了帮助评估细胞起源，需要进行哪种附加的细胞化学染色？

病例 69

　　一只 12 岁雄性已去势杰克罗素梗犬，因为腹部增大且疼痛就诊。临床检查发现腹部头侧有一个可触及的肿块，血液学检查、生化及尿检未发现明显异常。腹部超声确认存在肿块，位于肝脏右叶，对肝脏进行 FNA，涂片如图所示（图 69；梅–谷–吉氏染色，100 倍油镜）。

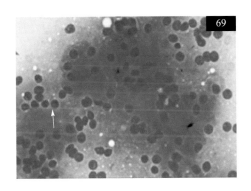

1 请描述细胞学发现并给出您的细胞学判读结果。

2 为了确诊，需要进行哪些其他的检查？

病例 70

　　一只 7 岁的混血母马近期不健康，且食欲变差。腹腔积液样本呈黄色，轻度浑浊，有核细胞为 27×10^9/L，总蛋白为 47 g/L，对积液进行细胞离心涂片（图 70a；瑞氏吉姆萨染色，100 倍油镜）。直肠检查发现腹中部有一球形肿物。在超声引导下抽吸肿物中的液体，对液体进行涂片，如图所示（图 70b；瑞氏吉姆萨染色，100 倍油镜）。

1 腹腔积液属于哪种类型（体腔液分类）？

2 图 70a 的细胞是什么？

3 图 70b 的细胞是什么？

4 您的判读结果是什么？

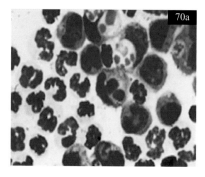
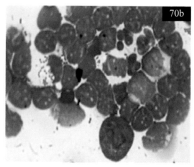

病例 71

对一只 1 岁有胸腔积液的猫进行积液采集，积液分析：TP=40.9 g/L；白蛋白=23.2 g/L；球蛋白=17.7 g/L；白蛋白：球蛋白 =1.3；SG=1.030；NCC=17.76×10⁹/L；红细胞 =0.32×10¹²/L。对积液进行涂片，如图所示（图 71；瑞氏吉姆萨染色，100 倍油镜）。

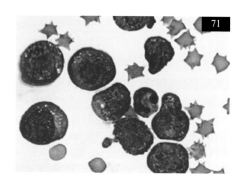

1 回顾实验室数据和显微照片，请给出合适的判读。

2 考虑到这只猫较年轻以及淋巴瘤的解剖位置，您希望获得哪些可能影响该病例预后的其他实验室数据？

病例 72

一只 18 月龄的混血德国牧羊犬右前臂远端区域、靠近肘关节处，出现一个圆顶状肿物，直径大约为 3 cm。抽吸出砂砾状白色物质，与干酪样物质一致，对抽吸物进行涂片，如图所示（图 72a；瑞氏吉姆萨染色，100 倍油镜）。

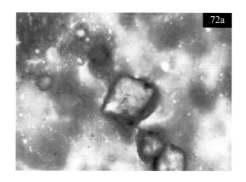

1　在涂片中可以看到什么？
2　您的判读是什么？

病例 73

一只 4 岁雌性已绝育母犬，侧腹部出现一个慢性引流性皮肤病变。CBC 和生化提示成熟的嗜中性粒细胞增多症和单核细胞增多症，伴高球蛋白血症。皮肤病变对广谱抗生素无反应。对病变进行 FNA，对抽吸物进行涂片，如图所示（图 73a 和 73b；均为瑞氏吉姆萨染色，60 倍油镜）。

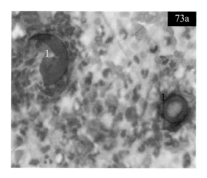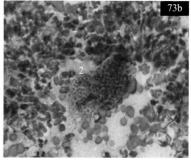

1　识别微生物。
2　识别图中标记为 1 和 2 的结构。

3 在犬中，感染这种疾病的最常见的两个器官系统是什么？

病例 74

一只 5 岁雌性已绝育拉布拉多犬，右前肢出现持续 3～4 周的跛行，最初是由于水貂咬伤，尽管使用镇痛药，但近期跛行变得更严重。体格检查发现右侧肩胛前淋巴结轻度肿大，右侧腋窝区域出现一个大的 10 cm×7 cm 不伴随疼痛的肿物。同时左侧肘部出现坚硬的肿胀性病变，运动区域减少，对体格检查确定的肿物活检。CT 检查发现这只犬只有单侧肾脏，并具有多发性结节病变的特征，采集细胞学样本涂片，如图所示（图 74a；瑞氏吉姆萨染色，分别为 20 倍和 50 倍油镜）。

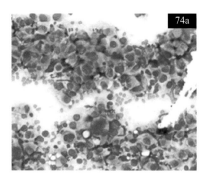 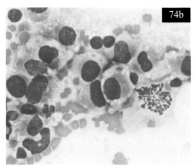

1 根据这些显微照片，请描述所见的细胞，它们与正常的肾组织一致吗？

2 最可能的细胞学诊断是什么？

3 可以用什么检查来确认这个诊断？

病例 75

一只 5 岁雌性绝育 DSH，出现呕吐、厌食、腹泻和精神沉郁。腹部超声显示有肠道肿物，对此肿物进行抽吸，抽吸物涂片如图所示（图 75；梅–谷–吉氏染色，100 倍油镜）。

1 请描述显微照片中的细胞。

2 您的判读是什么？

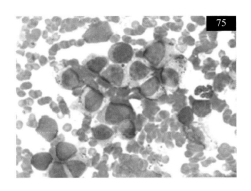

病例 76

一头黑白花母牛（图 76a），瘦弱、毛发呈刷状，体侧有一个半球状肿物，对其进行细针抽吸，抽吸物涂片如图所示（图 76b；瑞氏吉姆萨染色，100 倍油镜）。

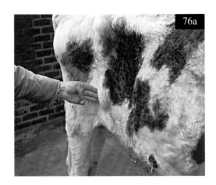
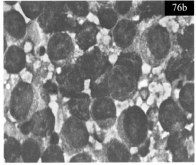

1　涂片中可见哪些细胞？

2　您的判读是什么？

病例 77

一只 8 岁去势混血马，表现出疑似多饮多尿症状，采集尿液进行分析。尿沉渣涂片如图所示（图 77a 和 77b；瑞氏吉姆萨染色，分别为 50 倍和 100 倍油镜）。

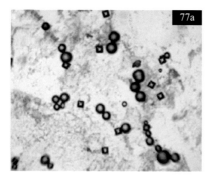
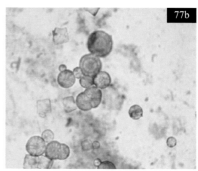

1 涂片中所示是什么物质的结构？
2 这些发现有何意义？
3 您的诊断是什么？

病例 78

一只 3.5 岁雄性金毛犬，前额出现一个界限清晰、中等硬度的皮下肿物，直径 4 cm，主人于数星期前发现。头部 X 线检查显示肿物边界清晰，并有轻度骨溶解，左额窦骨质增生。穿刺后获得微带血性黏性物质，在低倍镜和高倍镜下的照片显示了这个肿物的细胞学特征（图 78a-c；瑞氏染色，分别是 10 倍、100 倍、100 倍油镜）。

1 您的鉴别诊断是什么？

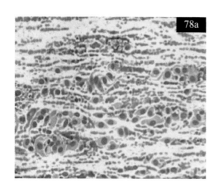
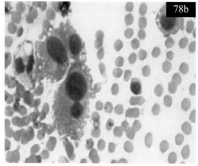

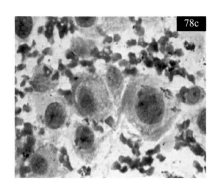

病例 79

一只 14 岁雌性绝育家养短毛猫，有流涎和食欲不良病史。临床检查发现舌根部有肿块，左下颌淋巴结增大。淋巴结细针抽吸涂片如图所示（图 79；梅–谷–吉氏染色，40 倍油镜）。

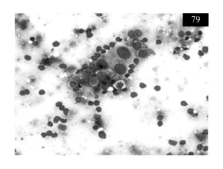

1　请描述细胞学涂片，并给出您的细胞学诊断。

病例 80

一只 12 岁雌性绝育的边境牧羊犬，对日常活动兴趣减退，运动耐受性降低。主人观察到其呼吸频率增加，可能存在排便困难。腹部超声显示肝脏出现具有多个复杂的腔性肿物，在脾头有一个大肿物，多处腹腔内淋巴结增大。CBC 显示炎性白细胞象、中度再生性贫血、血小板轻度减少。超声引导下对肝脏肿物进行穿刺，制作涂片，并送检进行细胞学诊断（图 80a 和 80b；瑞氏吉姆萨染色，分别为 20 倍、50 倍油镜）。

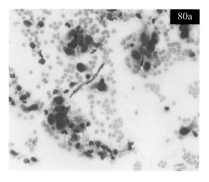
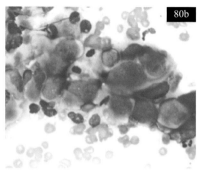

1　显微照片中所见的细胞与哪种细胞系最一致？

2　根据损伤处的组织分布、临床病史和血液学数据，您认为患犬最像是患哪一种肿瘤？

病例 81

一只 6 岁雄性已去势犬，常规免疫。粪便漂浮样本可见许多大的、对称性香肠状微生物（图 81；未染色的硫酸锌漂浮样本，40 倍油镜）。

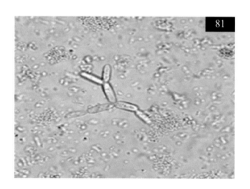

1　请问这是一条寄生虫吗？

2　请问这是什么？

病例 82

一只 9 岁老龄杜宾犬，出现呼吸困难和轻度苍白的临床症状，抽出血性胸腔积液（图 82a）。制作涂片，如图所示（图 82b 和 82c；二者均是瑞氏吉姆萨染色，100 倍油镜）。

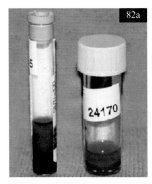

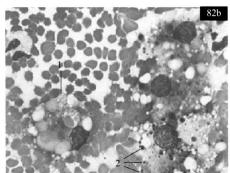

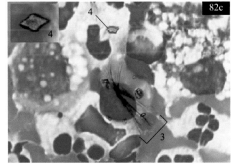

1 请辨别图中标记为 1、2、3、4 的结构 / 细胞，并阐明其提示意义。

2 哪些发现可提示慢性出血？

3 您需要哪种特殊染液确认来自血液降解色素的含铁血黄素（标记 2），并含有铁？

4 请列出导致出血性渗出液的三个常见原因以及可用于排查出血性渗出原因的相关实验室检测。

病例 83

一只 6 岁雄性边境牧羊犬腰部区域囊性肿物，FNA 采集样本。穿刺物涂片如图所示（图 83；瑞氏吉姆萨染色，50 倍油镜）。

1 请描述细胞学发现。

2 这些发现有什么意义？

3 您的细胞学判读结果是什么？您的结论是什么？

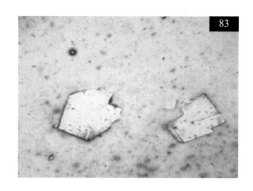

病例 84

一只 10 岁雌性已绝育惠比特犬，进行骨髓穿刺，有中度血小板减少症病史 [85×10^9/L；RI= $(180 \sim 550) \times 10^9$/L]，有显著的高球蛋白血症 [113 g/L（RI=15~60 g/L）]，有 β_2- 球蛋白的单克隆成分。图示为抽吸涂片（图 84a 和84b；两者均为改良瑞氏染色，50 倍油镜）。

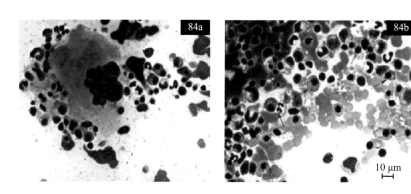

1 图 84a 中出现的非常大的细胞是什么？
2 图 84b 中箭头指示的小细胞是什么？
3 什么疾病会导致骨髓中的这些细胞增加？

病例 85

一只 4 岁雄性美国斯塔福德㹴犬，存在生长缓慢的皮肤结节，位于右肋下。进行 FNA 并送检做细胞学分析。图示为抽吸后制作的细胞学涂片（图

85a 和 85b；改良瑞氏染色，分别为 100 倍和 50 倍油镜）。

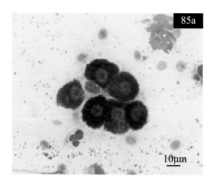 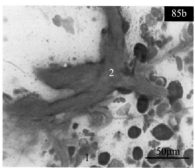

1 请描述从图 85a 中观察到的细胞学发现。

2 您的判读是什么？

3 请说出图 85b 中标记为 1 的细胞名称，并描述标记为 2 的物质。

病例 86

一只 8 岁雌性已绝育秋田犬，慢性咳嗽，已持续 4 个月，抗生素治疗无效。咳嗽属于湿咳，主人说犬经常咳出痰。X 线检查提示存在间质、肺泡和支气管混合型。CBC 显示嗜酸性粒细胞增多 [$3.4 \times 10^9/L$，RI= (0.1～1.3) × $10^9/L$]。进行气管灌洗，并对所获得的物质进行细胞离心涂片。显微照片显示气管灌洗细胞学涂片（图 86；瑞氏染色，100 倍油镜）。

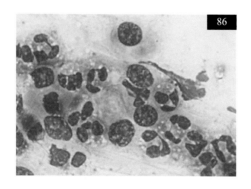

1 您的鉴别诊断是什么？

2 您推荐的其他诊断试验是什么?

病例 87

一只 7 岁的母马在前一年生育了其第三只马驹，在其繁殖前到达种马场时对其子宫进行常规细胞学评估（图 87a 和 87b；两者均为巴氏染色，100 倍油镜）。

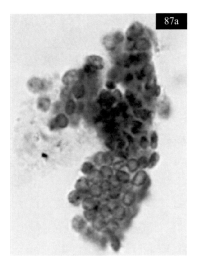
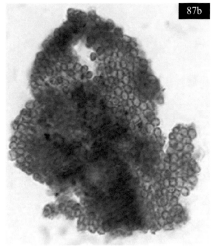

1 请描述您在这些涂片看到的物质。

2 您对这些发现的判读是什么?

3 为什么需要知道这些?

病例 88

一只 14 岁雄性已去势杂种犬，肝脏具有较大的低回声肿物，检查时发现红细胞呈轻度大细胞性、正色素性贫血，提示轻度再生性贫血。肝脏穿刺涂片如下（图 88a 和 88b；梅–谷–吉氏染色，分别为 40 倍和 60 倍油镜）。

1 请描述在显微照片中显示的特征，并提供大体描述。

2 您的最终判读是什么?

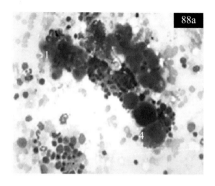
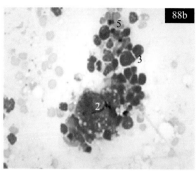

病例 89

一只 9 岁雄性已去势德国牧羊犬，几天以来活动水平下降，两后肢偶尔跛行，步态僵硬，运动后恶化。经过非甾体消炎药治疗，这只犬的临床症状有所改善。体格检查发现跗关节触诊疼痛。采集关节液样本进行分析。肉眼可见液体清亮，黏度略有下降，黏液凝块形成正常。液体分析显示：RBCs=20.0×10^9/L；NCC=52.2×10^9/L；TP=20 g/L。图示左侧跗骨经细针抽吸的关节液制备的涂片（图 89；改良瑞氏染色，50倍油镜）。

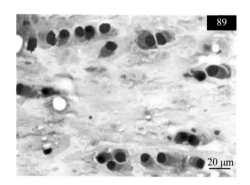

20 μm

1　在涂片中可以识别哪些细胞？您会怎样描述这种细胞排列？
2　您的诊断是什么？

病例 90

一只 2 岁家养短毛猫有咳嗽和呕吐的病史，表现为渐进性恶化。猫最近接种过疫苗。CBC 差异显示适量的嗜酸性粒细胞增多；生化未见异常。胸片显示弥漫性间质型，有局灶性支气管型。进行支气管灌洗并制备涂片（图 90a 和 90b；改良瑞氏吉姆萨染色，10 倍和 50 倍油镜）。

1 这种肺脏分型，细胞学发现和外周嗜酸性粒细胞增多的主要鉴别是什么？

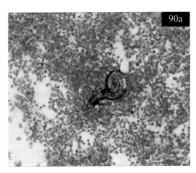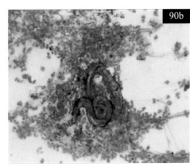

病例 91

一只 17 岁夸特繁殖母马出现单侧乳腺肿大。肿胀的腺体坚硬，并略有疼痛。对腺体进行 FNA 采样。图示为细针抽吸的涂片（图 91；巴氏染色，100 倍油镜）。

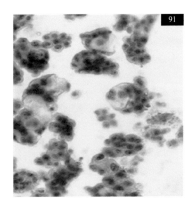

1 请描述图片中所观察到的细胞和特征。

2 此次抽吸，您的判断是什么？

病例 92

一只 6 岁雌性绝育西施犬，有呕吐、体重下降和精神沉郁的病史。体格检查发现下颌和腘淋巴结增大。从下颌淋巴结进行 FNA。图示为抽吸的涂片（图 92a 和 92b；梅–谷–吉氏染色，分别为 40 倍和 100 倍油镜）。

1 请描述涂片中的细胞。

2 您的判读是什么？

3 有可能是哪种免疫表型？

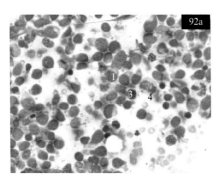
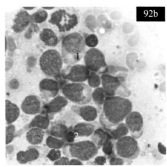

病例 93

一只 1 岁雄性西高地白㹴犬头部有一个快速生长、溃疡的结节需要评估。结节为 1 cm×1 cm，位于头顶；结节坚硬，边界清楚，局限于皮肤，对下层组织不依附。这只犬其他方面健康状态良好。图示为头部结节抽吸涂片（图 93；瑞氏吉姆萨染色，50 倍油镜）。

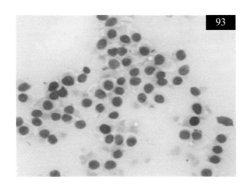

1　请描述在显微照片中看到的结果。

2　您的判读是什么？这些细胞最可能的起源是什么？

3　在这种情况下，您的治疗建议是什么？

病例 94

一只 8 岁混血犬，有结痂、片状皮肤病灶、体重减轻，嗜睡和多发性关节病的病史。全身中度淋巴结增大。这只犬是 18 个月前从西班牙进口的。图示为两个淋巴结 FNA 的涂片（图 94a 和 94b；均为吉姆萨染色，100 倍油镜）。

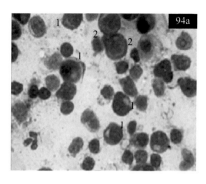
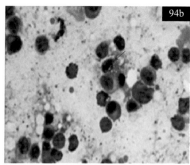

1　图 94a 中什么细胞数量增加？

2　这提示什么？

3　图 94b 中箭头旁边的细胞是什么？

4　根据病史和临床症状，您能推测全身淋巴结增大的可能原因吗？

病例 95

一只 10 岁的雌性田园犬，血尿，抗生素治疗无效。自由采集中段尿液样本，进行初步分析。在检查尿沉渣时发现许多上皮细胞。图示为沉渣涂片（图 95；瑞氏吉姆萨染色，100 倍油镜）。

1　请描述图中的细胞。

2　您目前的诊断是什么？

3　还有什么其他检查能提供支持的证据或确定的诊断？

4　这种诊断预后如何？

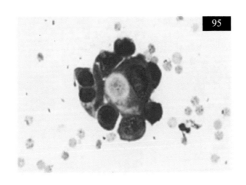

病例 96

一只 3 月龄雌性拉布拉多犬，因面部肿胀和双侧下颌下淋巴结肿大而出现急性发作。对下颌淋巴结进行细针抽吸。图示为 FNA 涂片（图 96；瑞氏吉姆萨染色，50 倍油镜）。

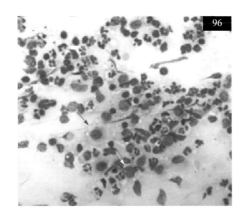

1 请描述显微照片显示的细胞。

2 基于临床病史和这些细胞学发现，您的鉴别诊断是什么？

病例 97

一只 12 岁雄性德国寻血猎犬，几天内表现出各种症状（发烧、昏睡、呕吐），里急后重、血尿，伴后肢僵硬的运动问题。直肠触诊时，发现有轻微疼痛的腹侧肿块。超声检查显示前列腺右叶内有一个低回声、有包膜、充满液体的病变。对这只犬给予 3 d 抗生素治疗，1 周后采集样本。超声引导下进行细针抽吸。图示为抽吸的涂片（图 97；梅–谷–吉氏染色，100 倍油镜）。

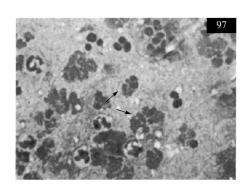

1　这些细胞属于哪种类型？最具有代表性的特征是什么？

2　您的最终判读是什么？

3　推荐进一步的什么检查来证实这个假设？

病例 98

一只 9 岁雄性犬，有齿龈肿块的病史。临床检查发现左下颌骨颊部最后一颗臼齿以上有肿块，左下颌淋巴结肿大。图示为淋巴结 FNA 涂片（图 98a 和 98b；梅–谷–吉氏染色，分别为 40 倍和 100 倍油镜）。

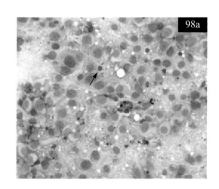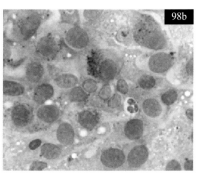

1　请描述细胞学发现，并给出您的细胞学判读。

病例 99

一只 10 岁雄性去势罗威纳犬，左后肢第三趾有皮肤肿物。该肿块已经出现 3 周，而且不断生长。肿块呈暗红色，皮肤无毛。进行 FNA 采样。图示为抽吸涂片（图 99；瑞氏吉姆萨染色，100 倍油镜）。

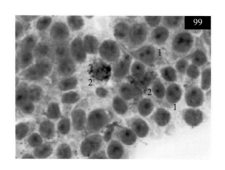

1　请检查细胞核有恶性特征吗？
2　请检查细胞质有颗粒存在吗？
3　您的判读是什么？
4　下一步您会怎么做？

病例 100

一只 2 岁拉布拉多犬，经历交通事故。没有骨折，只因惊吓接受治疗。在之后的 3 周里，腹部缓慢渐进性增大，患犬变得抑郁。腹腔穿刺产生约 5 L 深绿色 / 棕色液体（图 100a）。液体被送检给诊断实验室，直接涂片检查（图 100b；瑞氏吉姆萨染色，100 倍油镜）。

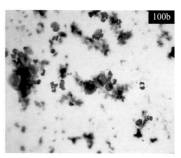

1 请描述涂片的背景。

2 请识别出现的细胞。

3 您目前的诊断是什么？可进一步检查什么来确认这个诊断？

病例 101

一只 12 岁雄性已去势英国雪达犬，几天前主人观察到口腔有一肿物。肿物直径 3 cm，结实而有弹性、光滑、粉红色，肿物累及到上颌骨。进行细针毛细管采样（无抽吸穿刺）。图示为样本涂片（图 101；Diff-Quik®，100 倍油镜）。

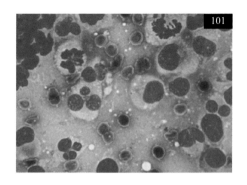

1 这些细胞属于哪种类型？最具有代表性的特征是什么？

2 您的鉴别诊断包括哪些？

3 您还推荐哪些进一步的检查？

病例 102

一只 6 岁雌性已绝育西高地白㹴犬，最近出现癫痫发作和行走困难的病史。临床检查犬出现四肢运动缺陷，共济失调。MRI 显示脑干和部分髓索明显损伤。采集小脑延髓池的 CSF 样本。细胞计数［125/μL（RI≤5 cells/μL）］和蛋白浓度［0.6 g/L（RI≤0.3 g/L）］均升高。图示为样本的涂片（图 102a 和 102b；梅–谷–吉氏染色，分别为 10 倍和 50 倍油镜）。

1 这个 CSF 的细胞学判读是什么？

2 可能的鉴别诊断是什么？

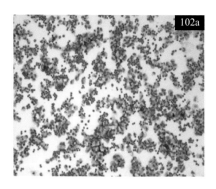

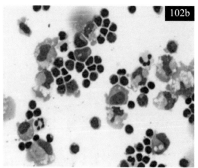

病例 103

一只 10 岁雌性已绝育家养猫，伴有严重的呼吸困难和发绀。胸腔穿刺产生恶臭、脓性、灰色的物质。图示为物质的涂片（图 103；革兰染色，100 倍油镜）。

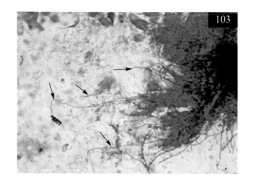

1 箭头所表示的结构是什么？

2 请列出两种具有这种形态学特征的微生物。

3 在收到培养结果之前，您如何区分这两者？

病例 104

一只 9 岁雌性萨摩犬，有排尿困难和血尿的症状。自然排尿采集样本进行尿液分析，结果显示脓尿、血尿、菌尿，还有大量大小不等的移行上皮细胞，细胞呈多核和核大小不等。触诊和膀胱造影显示在膀胱三角区有一轮廓不清的团块。超声介导下细针抽吸制备涂片（图 104；瑞氏染色，100 倍油镜）。

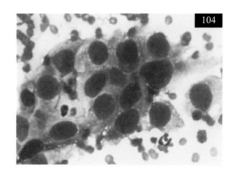

1 最可能的诊断是什么？

病例 105

一只 6 岁雄性去势泰迪，在肩部发现一个坚硬的皮肤肿物。对病灶进行 FNA，获得样本。图示为抽吸的涂片（图 105；瑞氏吉姆萨染色，20 倍油镜）。

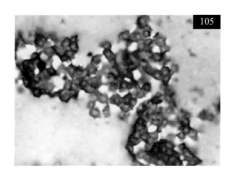

1 在涂片中看到的结构是什么？它们叫什么？
2 您的主要鉴别诊断是什么？

病例 106

一只 7 岁雄性去势拉布拉多犬，有沉郁和厌食的病史。临床检查未见明显异常。生化检查结果：ALT=97 U/L（RI=22～78 U/L）；总胆红素 =14.1 μmol/L

（RI=2.4～4.4 µmol/L）。腹部超声结果显示肝实质出现弥散性回声增强。对肝脏进行 FNA。抽吸物涂片如图（图 106；梅–谷–吉氏染色，100 倍油镜）。

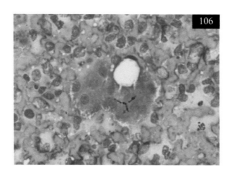

1 请描述显微照片中的细胞。

2 您的判读是什么？

3 如果需要确定疾病的病程，还要进行哪些进一步检查？

病例 107

鉴别显微照片中这些外源性物质或异物（图 107；瑞氏吉姆萨染色，100 倍油镜）。

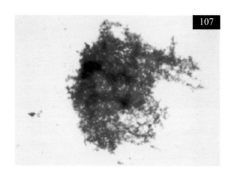

病例 108

一只 8 月龄斯塔福和㹴犬的混血犬，雄性去势，在四肢和头部存在斑块性脱毛和红斑。皮肤刮片（图 108；1= 卵；2= 蛹；3= 成虫；矿物油介质无染色，10 倍油镜）。

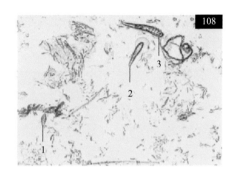

1 图片上的生物是什么?

2 为什么看到多个生长阶段很重要?

病例 109

一只 5 岁的家养短毛猫，在后背、体侧和尾巴等多处皮下组织有多个直径大约为 3 cm 的结节。一些形成溃疡（图 109a）。进行 FNA 检查。图片所示为抽吸物的图片（图 109b 和 109c；瑞氏吉姆萨染色，分别为 50 倍和 100 倍油镜）。

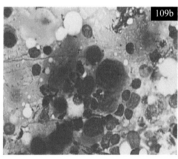

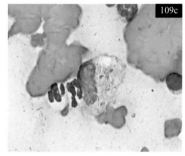

1 图片中存在哪些细胞？

2 您的判读是什么？

病例 110

一只 4 岁绝育雌性混血犬，在炎热的夏季被锁在车里，血液学和生化检查表明有明显的脱水和氮质血症。患犬接受了肠外液体治疗。第二天采集尿液样本（膀胱穿刺获取）进行尿液分析。尿液浅黄色清亮。结果显示尿比重 =1.020（RI=1.020～1.045）；pH=6.5（RI=5.0～7.0）。试纸条检测显示微量蛋白和胆红素。尿沉渣显微照片如图所示（图 110；瑞氏吉姆萨染色，10 倍油镜）。

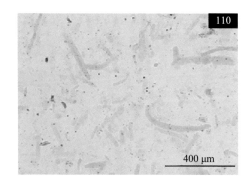

1 显微照片中所示的结构是什么？

2 怎样让图片上的物质清晰一些？

3 请解释一下这个病例中这些结构形成的原因。

病例 111

一只 12 岁的猫，颈部右侧和右前肢有皮下有不规则的波动感肿胀。液体直接涂片镜检进行细胞学检查（图 111a 和 111b；瑞氏吉姆萨染色，分别为 40 倍、50 倍、100 倍油镜）。

1 请鉴别涂片中存在的细胞种类，并描述视野中的其他特点。

2 对存在的炎症类型进行分类。这些对寻找视野中结构的起源有帮助吗？

3 您目前的诊断是什么？要怎样确认？

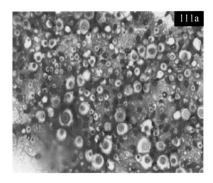
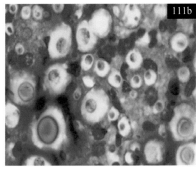

病例 112

一只 4 岁的纯种表演马，有慢性咳嗽，并且可能表演能力下降。用气管镜进行气管灌洗并且进行细胞学分析（图 112；巴氏染色，100 倍油镜）。

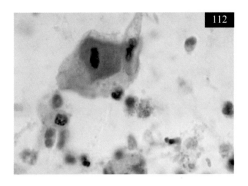

1 在显微照片中您能鉴别出哪些细胞或物质？

2 显微照片中的其他视野没有任何巨噬细胞、柱状上皮细胞和立方上皮细胞。这张图片所示的是整个玻片中有代表性的视野。您的结论是什么？

病例 113

一只 9 岁雄性德国牧羊犬有间歇性血尿、里急后重和排尿困难。进行直肠检查发现前列腺无痛性、对称性增大。前列腺的细针抽吸如图所示（图 113a 和 113b；梅–谷–吉氏染色，分别为 40 倍和 100 倍油镜）。

1 请鉴定涂片中细胞群，并描述最显著的特征。

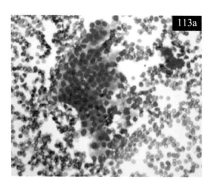
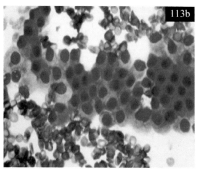

2 您最终的诊断是什么？

3 从前列腺获取细胞学样本的方法有哪些？

病例 114

一只 8 岁雄性混血犬下颌肿胀。临床检查下颌和肩前淋巴结增大，血液学检查白细胞增多和淋巴细胞增多。对肿物进行 FNA 检查。抽吸物涂片如图所示（图 114，梅–谷–吉氏染色，100 倍油镜）。

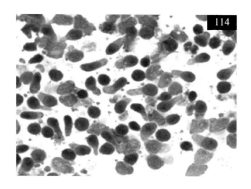

1 请描述涂片中的细胞。

2 您的判读是什么？

3 如果想做进一步确诊，您推荐进行什么检查？

病例 115

一只 1 岁斯塔夫斗牛㹴犬有剧烈干咳、咳血的症状。胸腔 X 线检查提示粟粒状间质型。进行支气管肺泡灌洗。涂片如图所示（图 115a 和 115b；瑞氏吉姆萨染色，分别为 50 倍和 100 倍油镜）。

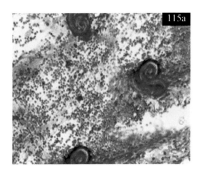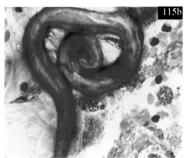

1　您如何描述灌洗结果？图 115a 盘曲样的结构是什么？

2　高倍镜下这些幼虫有扭曲的尾巴（图 115b），对于犬最常见的鉴别诊断是什么？如果猫的灌洗液出现同样的结果，主要鉴别诊断是什么？

3　类丝虫属是否需要中间宿主？如果需要，请说出动物的种类，如果没有，请解释原因。

4　怎样确诊？

病例 116

一只 10 岁雄性去势温血马，有阻塞性肺病 / 复发性气道梗阻。用内窥镜进行气管灌洗制备涂片（图 116；巴氏染色，25 倍油镜）。

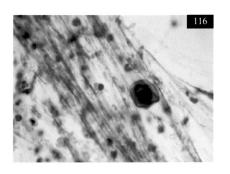

1　显微照片中央偏右的结构是什么？

2 在这个呼吸道细胞学样本中，它的意义是什么？

病例 117

一只 9 岁雌性绝育巴哥犬，有咳嗽、咳血和呼吸困难的病史。进行支气管灌洗获取样本。灌洗后的涂片如图所示（图 117a-c；瑞氏吉姆萨染色，50 倍油镜）。

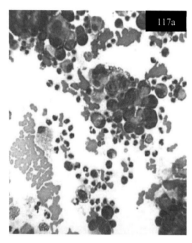

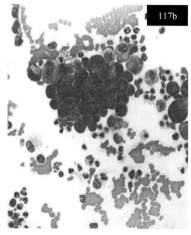

1 请描述三张显微照片中的细胞。

2 对于这些发现，您的判读结果是什么？

3 对于这种情况，您的意见是什么？

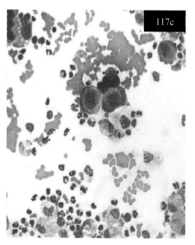

病例 118

请鉴定这张显微照片中外源性物质和可能的异物（图 118；瑞氏吉姆萨染色，20 倍油镜）。

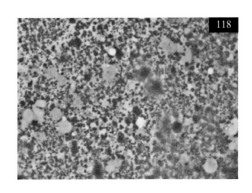

病例 119

一只 6 岁雌性柯基犬有厌食和下颌肿胀的病史。临床检查有全身外周淋巴结增大，对肩前淋巴结进行细针抽吸。细胞学涂片结果如图所示（图 119a 和 119b；梅–谷–吉氏染色，分别为 40 倍和 100 倍油镜）。

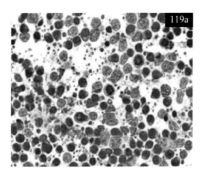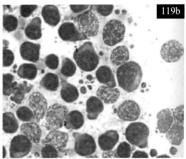

1　请描述在图 119a 中的细胞学发现。
2　您的判读是什么？
3　图 119b 中所示的细胞是什么？可能的免疫分型是什么？

病例 120

一只 11 岁雌性绝育巴吉度猎犬，在右侧大腿外侧有直径约 1 cm 的皮下肿物。肿物柔软，有游离性。对肿物进行穿刺细胞学检查。显微照片如图所示（图 120；瑞氏吉姆萨染色，50 倍油镜）。

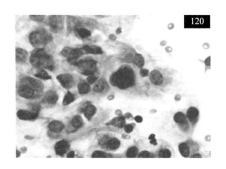

1 显微照片中的细胞属于哪种类型？

2 这些细胞是否有恶性特征？您的细胞学判读是什么？

3 这类肿物最可能的生物学表现是什么？

病例 121

一只 8 岁的斗牛㹴犬后肢有一个部分溃疡的肿物，直径 8 cm 左右，进行 FNA 采样（图 121a；瑞氏吉姆萨染色，50 倍油镜）。这只犬主要表现为黑粪症。主人之前发现了这个肿物，但是不觉得它很重要，直到发现肿物变大之后减小。另外一只和这只犬类似，进行了 FNA 取样，图片如下（图 121b；瑞氏吉姆萨染色，100 倍油镜）。

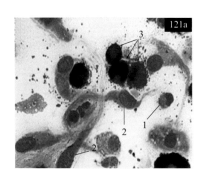
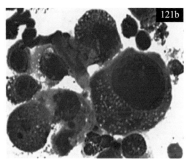

1 请识别图 121a 中标记 1、2、3 的细胞。请提供一个全面的判读，并且在您的判读基础上解释这些细胞的意义。

2 相比图 121b，图 121a 所示肿瘤的预后如何？

3 对于已经确诊的肥大细胞瘤，为什么评估附近的淋巴结很重要？

病例 122

一只 5 岁拳师犬有癫痫病史。神经学检查未见明显异常。采集脑脊液。用脑脊液制备涂片（图 122；瑞氏吉姆萨染色，100 倍油镜）。

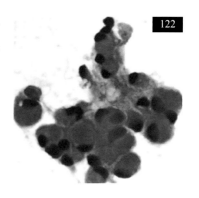

1 图片中可见什么细胞？整体判读是什么？

2 它们在脑脊液样本中的意义是什么？

病例 123

一只 8 岁 DLH 猫，上唇有一个约 2 cm×0.5 cm 的扁平溃疡灶。表面有部分干血迹覆盖，并且有轻度增大。口腔检查看到舌尾有一处溃疡。对肿物小心地进行细针抽吸，细胞学涂片如图所示（图 123；瑞氏染色，100 倍油镜）。

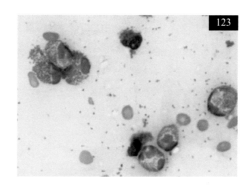

1 您的判读结果是什么？

病例 124

一只 4 岁雄性去势 Corso，有厌食和沉郁的病史。临床检查有轻度外周淋巴结增大和脾增大。对肩前淋巴结进行 FNA 检查。抽吸物涂片如图所示（图 124；梅–谷–吉氏染色，100 倍油镜）。

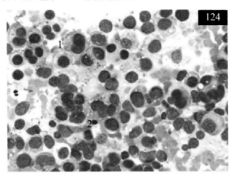

1 请描述所见细胞。

2 您的判读是什么？

病例 125

一只 9 岁雌性绝育比特斗牛犬，有眼球突出的病史，左眼有肿胀，肿胀从结膜下延伸至眼眶。对肿物进行细胞学抽吸并制备涂片（图 125a；瑞氏吉姆萨染色，60 倍油镜）。

1 请描述所见的细胞，这些细胞最可能起源的组织是什么？

2 这是肿瘤还是炎症？

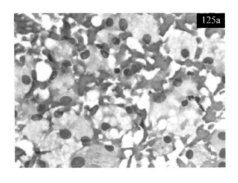

病例 126

一只 13 岁的雌性绝育迷你贵宾犬，胸部有两个具有游离性、柔软、界限明显的肿物，直径分别为 3 cm 和 6 cm。主人在 3 个月前注意到其中的一个肿物。对两个肿物进行细针抽吸并制备细胞学涂片。两个样本有代表性的视野如图所示（图 126；瑞氏染色，20 倍油镜）。

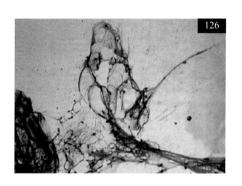

1 您的判读是什么？

病例 127

一只 7 岁的雄性去势良种马，体重减轻。腹水沉渣涂片染色如下（图 127；瑞氏吉姆萨染色，50 倍油镜）。

1 图中所示的结构是什么？

2 这个发现的意义是什么？

3 基于这个发现，您的建议是什么？

病例 128

一只 15 岁的雌性绝育混血犬，主诉有尿频和尿淋漓的症状。膀胱穿刺取尿进行尿液分析和细菌培养。尿检结果显示，尿比重 =1.022（参考范围 =1.020～1.045）；pH=9.0（参考范围 =5.0～7.0）。试纸条显示严重血尿，轻度白细胞和亚硝酸盐增多，少量蛋白尿和胆红素尿。尿沉渣如下图所示（图 128；无染色，40 倍油镜）。

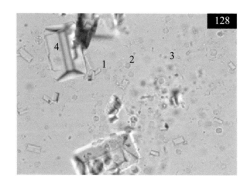

1 请识别显微照片中标记 1、2、3、4 所指的物质。

2 您的判读是什么？

3 对于试纸条显示存在亚硝酸盐和 pH 碱性，合理的解释是什么？

病例 129

一只 4 岁雌性绝育阿拉斯加犬，有 10 周不愿站立和行走的病史，间歇性对消炎治疗有部分反应。体格检查显示严重的弥散性关节疼痛。腕部 X 线检查未显示磨损或骨骼损伤。从多个关节（腕关节、肘关节和膝关节）进行细针抽吸获取关节液，所有样本的形态相似，液体呈云雾状，黏度降低，并且很少有成块的黏蛋白。关节液分析结果显示：TP=39 g/L（RI≤25 g/L），有核细胞计数 =7300 个细胞 /μL（RI≤3000 个细胞 /μL），采集关节液的样本离心后染色（图 129a 和 b；改良瑞氏染色，50 倍油镜）。

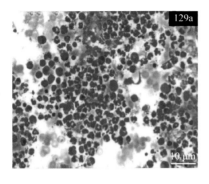
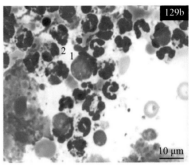

1　请识别显微照片 129a 中所示的细胞类型。

2　您如何对这个关节疾病进行分类？

3　对图 129b 中 1 和 2 的细胞命名，解释它们的意义。

4　您的主要鉴别诊断是什么？

病例 130

一只 10 岁雄性去势犬，有肝肿大和肝酶升高的病史，B 超引导下进行肝脏穿刺，穿刺的涂片如图所示（图 130；改良瑞氏染色，50 倍油镜）。

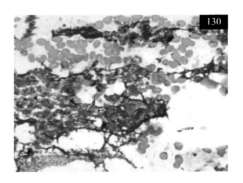

1　涂片背景中洋红色的物质是什么？

病例 131

一只 3 岁雄性去势拳师犬，跛步、流汗、顿足及走路低头。采集腹腔积液，随即进行体腔液检查。积液为混浊的血性液体，有核细胞计数为

21×10^9/L，总蛋白 43 g/L。体腔液离心后细胞学涂片如图所示（图 131；瑞氏吉姆萨染色，100 倍油镜）。

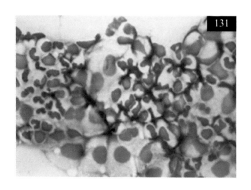

1   该体腔液的类型是什么？
2   涂片中出现的是什么细胞？
3   您的判读结果是什么？

病例 132

一只 10 岁雌性绝育家养短毛猫左肩肿物，经细针抽吸获得细胞学涂片。其中一张涂片如图所示（图 132；瑞氏吉姆萨染色，50 倍油镜）。

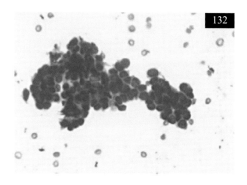

1   请描述涂片中的细胞。
2   您的判读结果是什么？
3   您认为预后如何？

病例 133

一只 9 岁雄性去势家养短毛猫，左腹侧部 3 cm 皮下肿物。其他临床病史包括：慢性复发性疱疹病毒感染、左侧角膜浑浊伴新生血管、间歇性打喷嚏、上呼吸道哮喘。对肿物进行细针抽吸，细胞学涂片如图所示（图 133a 和 133b；瑞氏吉姆萨染色，20 倍油镜）。

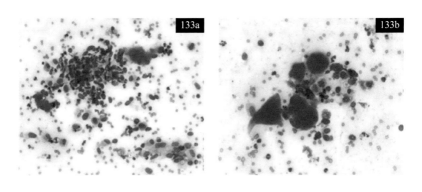

1　根据图 133a 中的细胞，最可能的细胞学诊断是什么？

2　图 133b 中四个巨大的细胞是什么？该如何解释？

3　对于该肿物，病因可能是什么？

病例 134

对猫的颈部肿物进行细针抽吸后，制作成细胞学涂片，与其他细胞学以及组织病理学样本一起，外送至兽医诊断实验室进行细胞学诊断（图 134；瑞氏吉姆萨染色，50 倍油镜）。

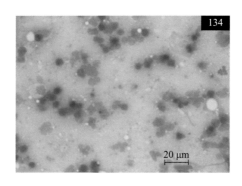

1 涂片在镜下呈模糊的蓝绿色，是什么原因导致的？该如何避免？

病例 135

一匹 19 岁雄性去势克莱兹代尔混血马，临床表现为体重减轻、食欲下降、轻度反复发作和急腹症。采集腹腔积液，进行体腔液检查：NCC=15×10⁹/L，TP=40 g/L。体腔液图片如图所示（图 135a-c；图 135a 和 b 巴氏染色，分别为 50 倍、100 倍油镜；图 135c，瑞氏吉姆萨染色，50 倍油镜）。

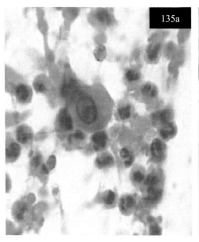

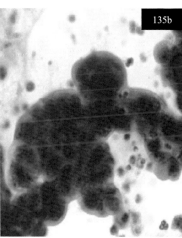

1 请描述图片中的细胞形态。

2 您的判读是什么？

3 这种疾病的预后如何？

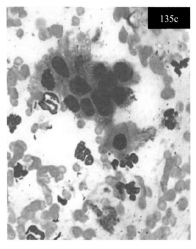

病例 136

一匹 15 岁的马颈部有一个小的皮肤肿物。对肿物进行细针抽吸，制作细胞学涂片如图所示（图 136；瑞氏吉姆萨染色，50 倍油镜）。

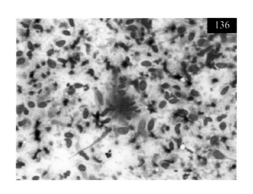

1 请描述图中的细胞形态。

2 根据细胞学观察，您的鉴别诊断是什么？

病例 137

一匹 2 岁雄性去势纯血马因过去表现不佳，在一次比赛训练时进行支气管肺泡灌洗，灌洗液沉渣细胞学涂片如图所示（图 137；瑞氏吉姆萨染色，100 倍油镜）。

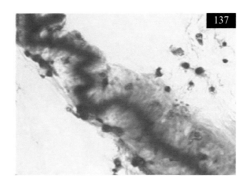

1 图中所示的是什么？

2 这种结构在呼吸道细胞学检查中意味着什么？

病例 138

一只 14 岁雌性约克夏犬最近表现出多饮多尿和呼吸困难。临床检查及影像检查提示二尖瓣闭合不全、肺水肿以及左侧肾上腺 3 cm 肿物，侵袭后腔静脉。B 超引导下对肿物进行细针抽吸，细胞学涂片如图所示（图 138；梅–谷–吉氏染色，40 倍油镜）。

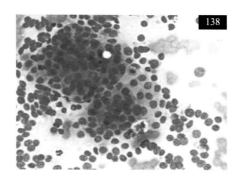

1　这些细胞属于哪种类型，最具有代表性的特征是什么？

2　您的细胞学判读结果是什么？

3　为进一步确诊需要补充哪些检查？

病例 139

一匹 10 岁母马于 1 月来到育种农场后一直未育，无明显病史。进行子宫冲洗以评估该母马生育状况。冲洗液细胞学涂片如图所示（图 139；巴氏染色，100 倍油镜）。

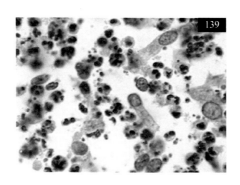

1 请描述涂片中的细胞。

2 您的判读结果是什么？

病例 140

一匹 3 岁母马于 5 月来到育种场。子宫冲洗以评估其生育状况。细胞学涂片如图所示（图 140；巴氏染色，50 倍油镜）。

1 请描述细胞形态。

2 您对该涂片的判读结果是什么？

3 这为什么很重要？

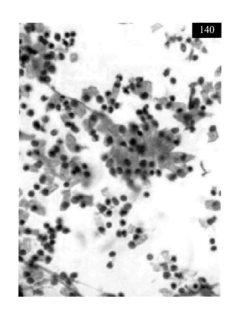

病例 141

一只 7 岁雄性去势艾瑞格指示犬（Ariège pointing），有直肠肿物病史。肿物硬实、不规则，直径 3 cm，与肛囊腺有关。细针抽吸细胞学涂片如图所示（图 141a 和 b；梅–谷–吉氏染色，分别为 20 倍和 100 倍油镜）。

1 请描述细胞学结果，并给出您的诊断。

2 您会推荐哪些进一步检查？

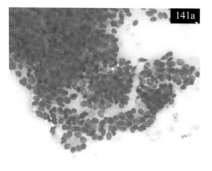
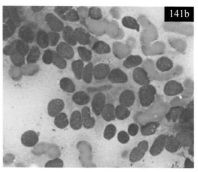

病例 142

一只 8 岁雄性边境㹴犬，有尿血病史。触诊前列腺增大，形状不规则。进行前列腺冲洗，冲洗液细胞学涂片如图所示（图 142；瑞氏吉姆萨染色，100 倍油镜）。

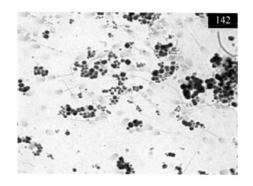

1 请描述细胞学发现。

2 这种细胞学发现有什么意义？

3 您有什么其他建议？

病例 143

一只 2 岁雄性去势巴吉度犬，最近 3 d 食欲不振，主人触摸其颈部时该犬会尖叫。临床检查发现患犬颈部发热和疼痛。穿刺小脑延髓取脑脊液进行分析，细胞计数 80 个细胞 /μL（RI≤5 个细胞 /μL），蛋白浓度 1.2 g/L（RI≤

0.3 g/L），二者均出现升高，制备脑脊液细胞学涂片，如图所示（图 143a 和 143b；梅–谷–吉氏染色，分别为 10 倍和 50 倍油镜）。

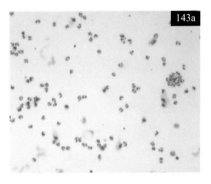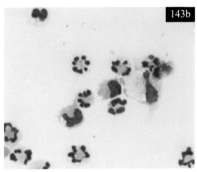

1 脑脊液的细胞学判读结果是什么？

2 对于该结果鉴别诊断可能是什么？

病例 144

一匹 5 岁雄性去势纯种马进行气管灌洗，无其他病史。细胞学涂片如图所示（图 144；巴氏染色，100 倍油镜）。

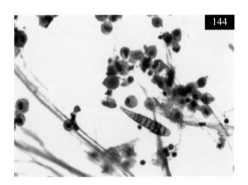

1 图片中心靠右下方的细长、棕色、分节的结构是什么？

2 该发现有什么意义？

病例 145

一只 9 岁雄性去势可卡犬，颈部上有一小的无毛肿物，出现数月，体积未见明显变化。细胞学涂片如图所示（图 145a 和 145b；瑞氏吉姆萨染色，分别为 50 倍和 100 倍油镜）。

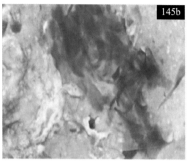

1　请描述显微照片中的细胞形态，并给出您的判读结果。

2　图 145a 中黑色箭头所指的结构是什么？有什么意义？

病例 146

一只 14 岁雄性去势猫，常规体检。血液学结果未见异常，异常生化结果包括 TP=82 g/L（RI=61～80 g/L），白蛋白 =38 g/L（RI=22～36 g/L）。主人接取尿液送至实验室分析。尿液深黄色浑浊，尿液分析结果为 USG=1.050（RI=1.020～1.060），pH=8.0（RI=5.0～7.0），尿试纸提示白细胞强阳性和蛋白阴性。尿沉渣涂片如图所示（图 146；未染色，20 倍油镜）。

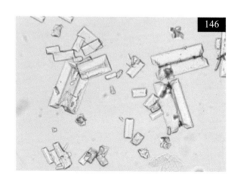

1　图中所示的结晶是什么?

2　结合其他检查结果，从临床的角度看我们能得到什么鉴别诊断?

病例 147

一只 8 岁的猫最近出现呼吸困难和胸腔积液（图 147a），抽取胸腔积液进行分析，结果为：总蛋白 =52.2 g/L，白蛋白 =27.5 g/L，球蛋白 =24.7 g/L，白球比 =1∶1，比重 =1.040，有核细胞数 =54.96×10^9/L，红细胞数 =0.28×10^{12}/L。体腔液图片如图所示（图 147b 和 c；瑞氏吉姆萨染色，分别为 50 倍和 100 倍油镜）。

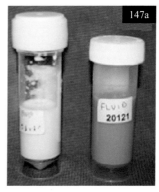
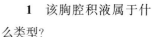
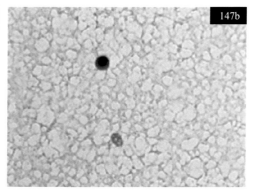
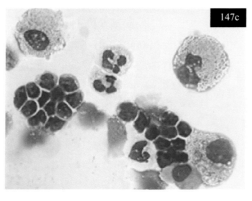

1　该胸腔积液属于什么类型?

2　基于胸腔积液的宏观（图 147a）和微观（图 147b 和 147c）图片，您还需要做哪些实验室检查?

3　根据进一步的实验室检测结果，您如何重新对此胸腔积液进行分类?

4　请列出最常见的引起乳糜性胸腔积液的原因。

病例 148

一头消瘦，无食欲的 5 岁黑白花奶牛被安乐死。剖检发现肝脏上布满了黄色团块（图 148a）。从其中一个团块中取材制作细胞学涂片（图 148b；瑞氏吉姆萨染色，50 倍油镜）。

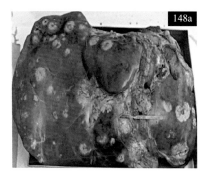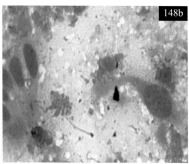

1 涂片中可见到哪些细胞？

2 细胞学判读结果是什么？

病例 149

一只 3 岁雌性喜乐蒂牧羊犬，精神沉郁和失明。眼睛检查发现视网膜上有白灰色多灶性斑点，眼压升高。对玻璃体进行 FNA 涂片，如图所示（图 149；瑞氏吉姆萨染色，100 倍油镜）。

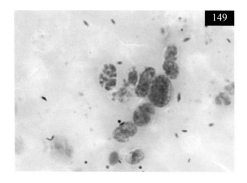

1 请鉴别微生物。

病例 150

一只 6 岁雌性波士顿㹴，左胸肿物，进行细针抽吸，细胞学涂片如图所示（图 150a 和 150b；瑞氏吉姆萨染色，分别为 50 倍和 100 倍油镜）。

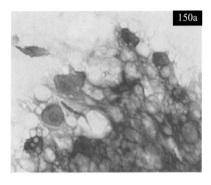 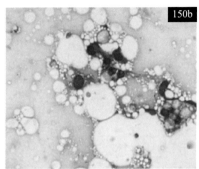

1　请描述涂片中的细胞形态。

2　您的细胞学判读是什么？

3　可以进行哪些检查来确诊？

病例 151

一只 11 岁雄性去势家养短毛猫，嗜睡和厌食。临床检查发现黏膜黄疸。为了进一步诊断疾病，对肝脏进行 FNA 检查，涂片如图所示（图 151；梅-谷-吉氏染色，100 倍油镜）。

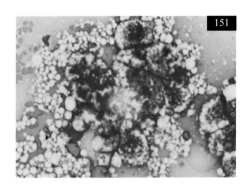

1　请描述细胞形态，并给出细胞学判读结果。

2 导致该病的最常见原因是什么？

病例 152

一只 6 岁雌性绝育拉布拉多犬，其前肢曾患有软组织肉瘤，手术切除不完全，术后进行了一个疗程放疗，在复查时，发现手术刀口附近出现小型增厚的肿物，细针抽吸细胞学涂片如图所示（图 152a 和 152b；瑞氏吉姆萨染色，100 倍油镜）。

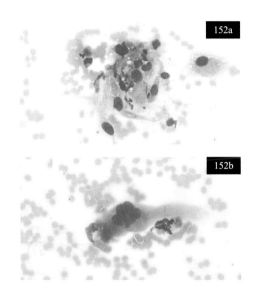

1 请描述图中的细胞。
2 您的判读结果和建议是什么？

病例 153

一只 5 岁雌性未绝育 GSD，慢性脓性鼻液长达 6 个月。进行鼻腔冲洗，并制作细胞学涂片，如图所示（图 153；瑞氏吉姆萨染色，50 倍油镜）。

1 请描述细胞形态。
2 您对该发现的判读结果是什么？
3 应该推荐哪些进一步的检查？

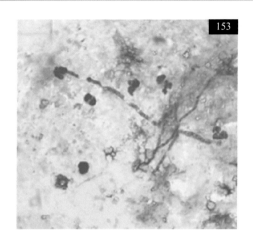

病例 154

一只 7 岁雌性绝育可卡犬，头部出现无毛小肿物。进行 FNA 制作细胞学涂片，如图所示（图 154a 和 154b；瑞氏吉姆萨染色，50 倍油镜）。

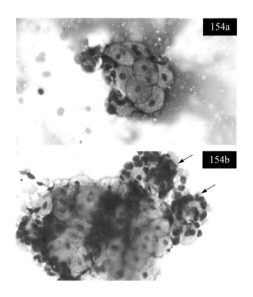

1　图 154a 中是什么细胞？

2　您的诊断是什么？

3 图 154b 中黑色箭头所指的是什么细胞？这些细胞的作用是什么？

病例 155

一只 6 岁雌性未绝育杰克罗素㹴，具有厌食病史。X 线检查提示胸部肿物占据胸腔的 2/3，未影响到心脏和肺脏，对肿物进行 FNA，细胞学涂片如图所示（图 155；改良瑞氏染色，50 倍油镜）。

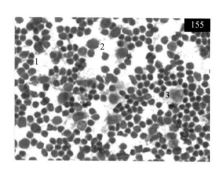

1 请描述图中细胞形态。
2 您的判读结果是什么？

病例 156

一只 4 岁雄性绝育德国牧羊犬出现不明原因发热。临床检查未见明显异常。抽取小脑延髓池脑脊液进行分析，结果为：NCC=100 个细胞 /μL（RI≤5 个细胞/μL）；CSF 蛋白 =1.14 g/L（RI≤0.3 g/L）。制作脑脊液涂片如图所示（图 156a 和 156b；瑞氏吉姆萨染色，分别为 10 倍和 50 倍油镜）。

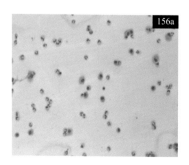
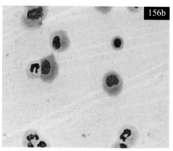

1 脑脊液的细胞学判读结果是什么？
2 可能的鉴别诊断是什么？

病例 157

一只 3 岁雌性绝育腊肠犬患有免疫介导性溶血性贫血，进行脾脏穿刺后细胞学涂片如图所示（图 157；改良瑞氏染色，50 倍油镜）。

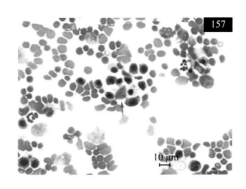

1 图中箭头所指的是什么细胞？
2 什么过程会出现这种细胞？什么时候出现？

病例 158

一只 3 岁雌性绝育田园犬，在后腹侧出现囊性肿物。B 超提示该肿物与其他器官没有联系。对其进行 FNA 检查，涂片如图所示（图 158a 和 158b；瑞氏吉姆萨染色，分别为 20 倍和 50 倍油镜）。

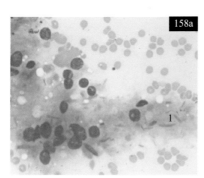

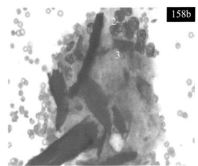

1 请描述图中的细胞。

2 您的判读结果是什么？

病例 159

对一只 6 岁狆犬进行肩前淋巴结 FNA，细胞学涂片如图所示（图 159；瑞氏吉姆萨染色，50 倍油镜）。

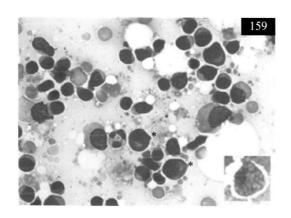

1 下列选项中哪个与本涂片最为符合？

（a）正常 　　　　　　　　　（b）反应性 / 增生

（c）肿瘤转移 　　　　　　　（d）多发性骨髓瘤

2 什么是莫特（Mott）细胞（插图所示）和着色小体巨噬细胞？

3 请列出反应性 / 增生性淋巴结病的鉴别诊断。

病例 160

一只 9 岁雄性绝育柯基犬，腰背部靠近左臀处的皮下出现 8 cm×6 cm 硬质肿物。进行 FNA 细胞学检查，涂片如图所示（图 160a 和 160b；瑞氏吉姆萨染色，分别为 20 倍和 50 倍油镜）。

1 请描述图片中的细胞和背景中的物质。

2 最可能的细胞学诊断是什么？

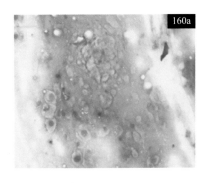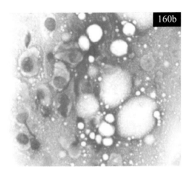

病例 161

一只 7 岁可卡犬，6 个月前摘除的肛囊腺癌出现复发。腹部超声提示肝脏有小型低回声病灶。进行 FNA 检查，涂片如图所示（图 161；瑞氏吉姆萨染色，50 倍油镜）。

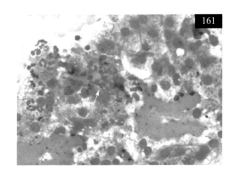

1　请描述涂片中的细胞。

2　根据细胞学发现，您的判读是什么？

病例 162

一只 10 岁雄性未绝育德国牧羊犬，右侧睾丸增大。对其进行 FNA 细胞学检查，涂片如图所示（图 162a 和 162b；梅-谷-吉氏染色，分别为 40 倍和 60 倍油镜）。

1　请描述图中细胞形态，并对涂片进行总体描述。

2 您的判读是什么？

 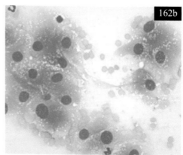

病例 163

一只 6 岁绝育雌犬，脾脏增大且回声增强，腹部超声提示轻度脾肿大。FNA 获取样本并制备涂片，如图所示（图 163；瑞氏吉姆萨染色，50 倍油镜）。

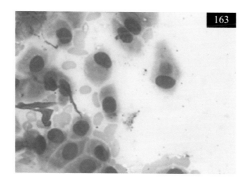

1 图中细胞可能起源于哪里？

病例 164

一只 6 岁雌性绝育拳师犬，乳腺区域出现大肿物，直径 4 cm×3 cm，质地坚实，游离性差，温热。进行 FNA 检查，涂片如图所示（图 164；改良瑞氏染色，50 倍油镜）。

1 请描述图片中观察到的细胞形态。

2 您的判读是什么？

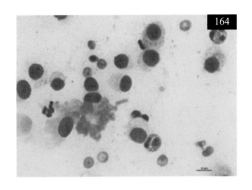

病例 165

犬背部出现形状不规则、红斑样皮肤增厚／肿物样病灶，对其进行 FNA 检查，涂片如图所示（图 165；瑞氏吉姆萨染色，50 倍油镜）。

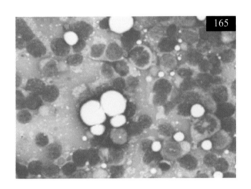

1 请描述图中的细胞形态。

2 您的细胞学判读是什么？

病例 166

一匹 1 岁雌性冰岛马，冬天散养在户外小牧场，后背躯干及两侧出现皮肤病灶。病灶为凸出的结痂，直径 1 cm，毛发暗淡无光。病灶底部凹陷，毛根突出。移除病灶时患马疼痛明显，病灶移除后可见下方皮肤炎性渗出。将两处结痂（图 166a）送至实验室，用手术刀将其切碎并浸泡在盐溶液中。制作压片并进行常规细胞学染色和革兰染色（图 166b 和 166c；100 倍油镜）。

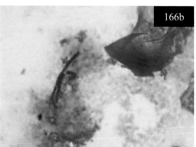

1　涂片所示的微生物是什么?

2　如何鉴定它们?

3　有哪些鉴别诊断?

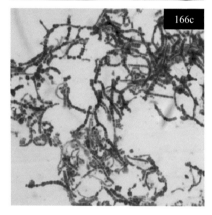

答案

兽医细胞学诊断（犬、猫、马和奶牛）

病例 1

1 涂片由何种细胞构成？

样本细胞量较大，主要由离散分布或连接不紧密的细胞构成。这些细胞呈组织细胞样外观，有丰富的淡蓝色细胞质，细胞边界不清晰。细胞核呈圆形至卵圆形，偏心分布。染色质呈网状，并有一个或两个清晰的圆形核仁。这些细胞中散在分布嗜酸性粒细胞。背景中可见数个游离的橘黄色颗粒。

2 您的判读结果是什么？

这些圆形细胞提示为组织细胞或无颗粒的肥大细胞。推荐进行进一步的组织化学及免疫组织化学染色，包括甲苯胺蓝及 CD117，有助于确诊/排除肥大细胞起源的肿瘤。这个病例中，根据患猫的基本信息及细胞学形态，更提示为猫的组织细胞型肥大细胞瘤（MCT）。这一罕见亚型主要见于年轻暹罗猫，并通常在躯干、头部及四肢出现多个皮肤/皮下结节。细胞学类型主要是组织细胞样无颗粒肥大细胞；可见嗜酸性粒细胞。这种类型的 MCT 通常预后良好，且常出现自发性消退。在首个肿物出现 6 个月后，在未经治疗的情况下，这只猫所有肿物均消失并痊愈了。

推荐阅读

Wilcock BP, Yager JA, Zink MC (1986) The morphology and behavior of feline cutaneous mastocytomas. *Veterinary Pathology* 23:320–324.

病例 2

1 请描述所见的细胞。

有许多单个存在的细胞，细胞核呈卵圆形，染色质粗糙，部分细胞含一个至多个明显的圆形核仁。细胞质含量中等、嗜碱性，大多数细胞的细胞质呈拉伸状，形成尾状结构。有许多大型多核细胞，细胞核特征同上述单个核细胞。

2 您的细胞学判读结果是什么？

间质源性增生，主要提示软组织肉瘤。

3 您的鉴别诊断包括哪些？

鉴别诊断包括如下。

- 重度反应性纤维增生：鉴于患犬存在肿物且无炎性细胞，此外，细胞学还表现出明显的异型性，因此，这种可能性不高。

- 软组织肉瘤：需要借助组织病理学进一步评估。可能的鉴别诊断包括：（a）纤维肉瘤；（b）伴巨细胞的低分化肉瘤（考虑到出现了多核细胞）。

这个病例中，后续的影像学检查确认存在骨侵袭。肿物切除后，组织病理学可见肿瘤起源于骨膜，并可见骨样细胞岛。因此，诊断为骨起源的巨细胞肉瘤。

病例 3

1 细胞学涂片上可见何种现象？

噬白细胞现象，是巨噬细胞吞噬白细胞（本病例中为嗜中性粒细胞）的现象。巨噬细胞呈反应性，有丰富的泡沫样细胞质，空泡边界不清晰。噬白细胞现象不具有特异性，常见于慢性炎症。

病例 4

1 患马的腹水应归为何种类型？

改性漏出液。

2 细胞学涂片上为何种细胞？

可见大量嗜中性粒细胞和少量红细胞。视野中央是两个具有恶性特征的细胞。其中一个是小单个核细胞，另一个是大的多核细胞，部分细胞核不在聚焦平面上。这些细胞核含有厚度不均的核膜，核仁清晰。细胞质边界清晰，中央更深染，在靠近细胞外缘处，有清晰的内质与外质的界限，与鳞状细胞相符。

3 您的判读结果是什么？

胃的鳞状上皮癌（SCC）。嗜中性粒细胞性反应是这种肿瘤的典型特征。当肿瘤导致胃壁穿孔或溃疡，并与腹膜腔相通；或者当淋巴转移，并发生淋巴管溃疡或破裂后，鳞状上皮可出现于腹水之中。因此，并非所有胃 SCC 病例都会在腹水中见到肿瘤细胞，能否观察到肿瘤细胞与疾病阶段、发展程度及脱落的细胞数量有关。当只有少量肿瘤细胞时，可能会漏检，或因为炎症或出血掩盖而使得肿瘤细胞无法被发现。

由于通常在疾病晚期和／或已经发生转移时才被确诊，因此，马的胃部 SCC 预后不良。内窥镜通常对诊断食道或胃部 SCC 有辅助作用，尤其对于腹水中未见到肿瘤细胞的病例。此外，对于这类病例，胃部灌洗或用细胞刷采集可疑病变也可能会成功诊断马的胃部 SCC。

推荐阅读

Cowell RL, Tyler RD (2002) (eds) *Diagnostic Cytology and Hematology of the Horse*, 2nd edn. Mosby, St. Louis.

病例 5

1 请结合细胞学涂片及实验室数据对积液进行分类。

改性漏出液，这种积液结合了漏出液（NCC<1×10^9/L）和渗出液（TP>30 g/L）的特点。低倍镜下，背景可见细颗粒，并伴有淡染的新月状伪象。背景提示球蛋白含量升高（图 5b）。

2 请判读蛋白质电泳结果。

蛋白质电泳提示：（1）α2 峰提示急性期反应：在炎症细胞因子的作用下，位于 α2 区域的蛋白由肝脏生成；（2）可见明显的 γ 球蛋白多克隆升高，与多克隆 γ 球蛋白病相符。综上所述，电泳提示明显的炎症反应。

3 尽管蛋白质电泳并不提示特定疾病，但结合本病例的其他结果，最主要的鉴别诊断是什么？

猫传染性腹膜炎（FIP）。根据多个强阳性结果可初步诊断为 FIP：特征性临床症状［如腹水、年龄（青年）］；积液白蛋白：球蛋白值<0.8；积液和血浆球蛋白浓度升高；蛋白电泳（这个病例是典型反应）；积液或血清／血浆的冠状病毒抗体呈强阳性［这个患猫为 FIP/冠状病毒抗体阳性，滴度为 1 : 2560（ELISA 检测）］。

编者注：关于 FIP，有一个熟知的特点，即是当出现提示性的细胞学结果时，"诊断只有排除或支持"。应首先排除其他可能会引起积液的原因，并且应有支持 FIP 诊断的证据。FIP 通常发生于青年（＜2 岁）或老年猫，多出现高 γ 球蛋白血症，并且血清和积液的白蛋白：球蛋白值＜0.8。血清和腹水出现多克隆 γ 球蛋白病，并且蛋白质电泳结果相似时，支持 FIP 的诊断。许多病例还会出现血液淋巴细胞减少。由于许多非 FIP 的猫也会出现冠状病毒抗体阳性，因此，不能作为支持 FIP 诊断的证据。并且，抗体滴度对诊断或预后也无明显意义。冠状病毒抗体为阴性的健康猫，表明动物从未接触过猫冠状病毒。超急性 FIP 因无免疫反应，不形成抗体或抗原 – 抗体复合物，从而使得测定的抗体呈阴性，因此，疾病状态下的猫抗体呈阴性也无法排除 FIP。

推荐阅读

Pedersen NC (1995) An overview of feline enteric coronavirus and feline infectious peritonitis. *Feline Practice* 23(3):7.

Pedersen NC (2014) An update on feline infectious peritonitis: diagnostics and therapeutics. *Veterinary Journal* 201(2):133–141.

Sparkes AH, Gruffydd-Jones TJ, Harbour DA (1994) An appraisal of the value of laboratory tests in the diagnosis of feline infectious peritonitis. *Journal of the American Animal Hospital Association* 30:345–350.

病例 6

1　请描述涂片上的细胞。

涂片中可见到数量偏多的大型、圆形具有异型性的细胞，细胞边界清晰，含中等量轻度颗粒状嗜碱性细胞质。细胞核大而圆，居于中央或稍偏于一侧，染色质呈颗粒状，核仁不清晰。另可见少量双核或三核细胞（此图片未显示）。细胞及细胞核中度大小不等，可见一个异常有丝分裂象。细胞学判读为不明起源的恶性肿瘤。主要鉴别诊断包括原发或转移性 CNS 肿瘤、组织细胞起源的肿瘤及淋巴瘤。

2　根据细胞学所见，请问您的鉴别诊断有哪些？推荐的进一步检查是什么？

本病例中，为了进一步确定病变，推荐的检查包括组织病理学（这个病例中，由于病变部位不详，因此难以进行）及免疫染色。免疫细胞化学（图 6b；细胞角蛋白，100 倍油镜）呈细胞角蛋白强阳性，波形蛋白、CD3、

CD79a 及 CD18 阴性。这些结果与癌相符，结合先前的乳腺癌病史，可能为乳腺癌转移。

曾有关于人和犬转移癌的肿瘤细胞出现在 CSF 样本中的报道，细胞呈离散状，圆形，转移机制不详，但其中一个原因可能是肿瘤细胞的细胞膜下调黏附分子。

编者注：鉴于 CSF 中上皮细胞不出现成簇排列，因此，CSF 样本中，免疫染色是鉴别细胞成分的重要工具。

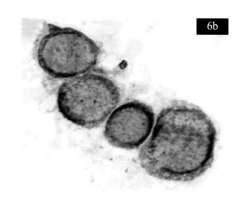

6b

推荐阅读

Behling-Kelly E, Petersen S, Muthuswamy A *et al*. (2010) Neoplastic pleocytosis in a dog with metastatic mammary carcinoma and meningeal carcinomatosis. *Veterinary Clinical Pathology* 39:247–252.

病例 7

1 涂片中出现的是何种细胞？

可见多种有核细胞成分，包括嗜中性粒细胞、巨噬细胞及淋巴细胞。另可见细胞质内的杆状细菌。

2 您的判读结果是什么？

细胞学判读为混合性或败血性嗜中性粒细胞性炎症；细菌培养证实为放线杆菌感染。

病例 8

1　请描述所见的微生物。

可见混合成分的革兰阴性杆菌、革兰阳性杆菌及小球菌，以及中央含芽孢的革兰阳性杆菌，菌体在芽孢处（菌体中央）扩张呈圆形。

2　这些革兰阳性产芽孢杆菌是否提示为产气荚膜梭菌？

并非如此。产气荚膜梭菌是革兰阳性产芽孢的杆菌，但是它们通常在菌体两端呈矩形，并且中央芽孢不会使菌体扩张。这些细菌更倾向于是杆菌属细菌，是环境中非常常见的一大类需氧的革兰阳性产芽孢细菌。许多细菌增殖迅速，在腹泻粪便中可能会过度增殖；当粪便通过速度增快，其他微生物被清除之后，这些细菌可能会过度增殖。细胞学上，由于这两种细菌非常相似，因此，使大家更易误解产气荚膜梭菌对腹泻的意义。

编者注：当在粪便样本中观察到革兰阳性产芽孢杆菌，并怀疑为产气荚膜梭菌或杆菌属细菌时，应通过培养和/或内毒素检测来进行确诊。

病例 9

1　请对涂片进行描述。

抽吸获得的细胞为单一形态的圆形细胞，背景无色或呈轻度颗粒状，罕见 RBCs。这些圆形细胞的边界清晰，含中等量的蓝色细胞质，部分细胞可见无色的核周光晕。细胞核呈圆形、偏心、染色质粗糙致密。部分细胞的细胞核内可见小而圆的核仁。细胞中度大小不等，细胞核中度大小不等；罕见双核细胞。

2　您的判读结果是什么？

浆细胞瘤。这是一种良性浆细胞肿瘤，犬相对常见，猫罕见。治疗通常为手术切除。大多预后良好，但可能会复发。对于分化不良的肿瘤，细胞学可能无法提供确定的诊断，而需要进一步检查确认。浆细胞通常会表达 B 淋巴细胞的标记物，包括 CD79a，λ 链及 MUM1（后者是浆细胞特有的标记物）。有多种诊断技术可检查这些标记物的表达情况，包括免疫细胞化学、免疫组织化学及流式细胞。

编者注：对于分化不良的浆细胞瘤，可能很难与皮肤组织细胞瘤或淋巴瘤相区分。皮肤浆细胞瘤和淋巴瘤更多发生于中老年犬，而组织细胞瘤则可发生于任何年龄的犬，但更常见于幼龄犬。如上文所述，可通过组织病理学及免疫化学方法鉴别这些肿瘤。

病例 10

1　涂片所示的特点是什么？

大量红细胞和一大簇血小板（中央），以及少量白细胞。

2　腹腔积液观察到这些特点的意义是什么？

这些特点与新鲜出血相符。通常，血小板于新鲜出血发生后 2～4 h 内消失。出现血小板提示近期出血和 / 或采样时血液污染。

病例 11

1　这些细胞最可能起源于哪里？

细胞主要由中等至大型卵圆形细胞构成。细胞边界清晰，成簇或成片分布，总体提示为上皮起源。

2　这些细胞表现出哪些恶性特征？

这些细胞表现出多种恶性特征，包括显著的细胞大小不等和细胞核大小不等、多核、多个清晰的核仁及核质比升高。部分细胞还呈现为"印戒"形，这种形态常见于某些类型的癌，是由于细胞质内存在一个大的空泡，将细胞核推至细胞边缘而形成的。

3　您的判读结果是什么？

细胞学特征与恶性上皮源性肿瘤（癌）相符。另一鉴别诊断是间皮细胞退行性 / 肿瘤性增殖（如反应性间皮、间皮瘤）。死后剖检证实患犬存在胰腺腺癌并转移至肠系膜及肝脏。

编者注：在积液样本中，区分肿瘤性上皮细胞（癌）和退行性 / 肿瘤性间皮细胞通常非常困难。若细胞簇连接紧密，则提示为上皮起源，而细胞簇内出现"窗口"或裂隙，则更提示为间皮起源。其他可辅助诊断的信息包括详细的临床病史 / 检查（出现原发肿物，可能会更倾向于癌的诊断），组织病理和 / 或免疫组织化学检查（癌通常呈角蛋白阳性而波形蛋白阴性；但间皮瘤则多同时表达这两种标记）。

病例 12

1 这些为何种细胞?

这些为异型性鳞状上皮细胞。细胞形态从长形、边界不清到分化良好。部分细胞的细胞质呈强嗜碱性,并伴有核周空泡,细胞核和细胞质出现异步成熟的表现。细胞中度大小不等,细胞核中度大小不等。

2 您的鉴别诊断有哪些?

鉴别诊断包括表皮退化及肿瘤（鳞状上皮癌）。大多数病例均需组织病理学检查确诊。鳞状上皮癌常见于猫耳廓及面部结痂病变。部分病例可能会见到肿瘤前期表现（光化性角化病）。

编者注:鳞状上皮癌可能分化良好,也可能分化不良。鳞状上皮细胞分化的细胞学特征包括角化、角蛋白“珠”、细胞间桥联（相邻细胞间的细胞质突起）,和/或低核质比的多边形细胞。细胞质在罗曼诺夫斯基染色下呈“淡蓝色”,或巴氏染色下呈橘黄色,均提示鳞状上皮细胞中出现角蛋白前体。对于退行性肿瘤,这些辅助辨别鳞状上皮起源的特征可能只在局部少量出现或不出现。呈梭样或长形的鳞状上皮细胞又称为“蝌蚪细胞”。分化良好的肿瘤,细胞核恶性特征可能会非常少,但细胞数量、病变位置、涂片形态及是否出现异常增殖能够为恶性肿瘤的判读提供帮助。有些鳞状上皮癌可能会出现溃疡及大量嗜中性粒细胞性和/或嗜酸性粒细胞性炎症,但出现炎性细胞并不能排除肿瘤。

病例 13

1 请描述涂片中的细胞形态。

涂片显著的特点是背景中可见大量红细胞。有不同种类的有核细胞,大多数为多核巨细胞和梭形间质细胞;另有数量不等的巨噬细胞和少量浆细胞、淋巴细胞。多核巨细胞含有丰富的嗜碱性细胞质,常形成多个细胞质尾。每个细胞有多个、甚至高达 20 个细胞核,细胞核呈圆形,染色质呈颗粒状,有多个小而圆的核仁。

2 根据这些细胞，您的鉴别诊断有哪些？

这些细胞高度提示为软组织巨细胞肿瘤（GCTSP）。起源于其他部位的软组织肉瘤也是可能的鉴别诊断。GCTSP 是一种罕见的肿瘤，多种家畜均有报道，包括猫和马（占马全部皮肤肿瘤的 1%）。肿瘤多发于成年动物，无性别和品种倾向。这些肿瘤通常为坚实、隆起的单个肿物，位于皮肤浅表组织。身体各个部位的发病均有报道，但后肢的发生率可能更高。马的这种肿瘤转移风险非常低，手术切除且边缘干净则可认为治愈。有报道称手术切除不彻底可能发生局部复发。

本病例在标准镇静及局麻下，使用非聚焦二氧化碳激光光束进行手术切除治疗。病变组织送检组织病理学检查，并证实了细胞学诊断是准确的。术后 6 个月未见复发。

推荐阅读

Bush JM, Powers BE (2008) Equine giant cell tumor of soft parts: a series of 21 cases (2000–2007) *Journal of Veterinary Diagnostic Investigations* 20:513–516.

病例 14

1 请描述图中的细胞并对其分类。

部分细胞离散分布，但其他细胞呈小簇，界限不清晰。细胞形态不一，部分呈圆形，其他则在远离细胞核的一侧有不锐利的细胞质尾（图 14 中标记 1、2）。这些细胞特征提示为间质源性。

2 这些细胞出现了哪些恶性特征？

可见多个恶性特征。细胞及细胞核中度至重度大小不等。核质比高且大小不一。核染色质呈点状。有多个双核或多核细胞。核仁清晰，常见多核仁（图 14 中标记 3）。

3 是否能做出一个可能的诊断？

这些细胞为间质起源，并出现异型特征，结合临床存在肿物且未见炎性细胞的特点，主要提示为间质源性肿瘤，疑肉瘤。仅根据细胞学无法确定肉瘤类型，需要组织病理学进一步诊断。本病例并不倾向是反应性纤维增生（如创口形成），但仅根据细胞学也无法完全排除。

病例 15

1　这些细胞属于哪种类型？最具有代表性的特征是什么？

细胞数量大，含单层相互黏附的细胞，形成大小不一的细胞簇，并出现腺泡及栅栏形态。细胞形态均一，呈圆形至多边形，大多边界不清。细胞质含量中等，部分细胞含少量至中量无色的圆形空泡。细胞核呈圆形，较均一。染色质细腻，核仁小而圆（图 15a）。整体而言，细胞未表现出明显的异型性。部分区域的核质比较低，细胞边界更清晰（图 15b）。

2　对于卵巢肿物，您的鉴别诊断有哪些？

卵巢实质性肿物的鉴别诊断包括不同起源的肿瘤：上皮源性（如腺瘤、腺癌），生殖基质起源（如颗粒细胞肿瘤、黄体瘤、卵泡膜细胞瘤），生殖细胞起源（如无性细胞瘤、畸胎瘤、胚胎性癌）及间质源性（如平滑肌瘤）肿瘤。

3　您最终的判读结果是什么？

根据细胞排列，最可能的鉴别诊断是上皮起源或生殖基质起源的肿瘤。腺泡排列方式及细胞空泡化均支持类固醇分泌细胞起源的肿瘤，也可能是引起临床症状（如高雌激素血症）的原因。人医细胞学样本中出现含无定形嗜酸性物质的腺泡结构（图 15c，箭头所指）称为 Call-Exner 小体，强烈提示颗粒细胞肿瘤。

推荐阅读

Bertazzolo W, Dell'Orco M, Bonfanti U et al. (2004) Cytological features of canine ovarian tumors: a retrospective study on 19 cases. *Journal of Small Animal Practice* 45: 539–545.

病例 16

鉴别这张图片中的外源性物质或可能的异物（图 16；瑞氏吉姆萨染色，50 倍油镜）。

图片中可见血细胞及间质类肿瘤细胞之间存在淀粉颗粒，以及基质样物质（见右侧）。淀粉颗粒来源于制片过程中手套上的滑石粉，穿戴时黏附到玻片上。淀粉颗粒呈无色至淡黄绿色，具折光性，中心呈十字样结构。

病例 17

1　请描述涂片中存在的细胞类型。

图 17b 中可见中等程度多形性细胞，细胞核大小不等。图 17a 可见细胞呈腺泡样或管状排列，中央呈空腔状。许多细胞核质比较高，染色质粗糙，核仁明显，有些是巨核仁（直径>5 μm）。

2　这些细胞起源于哪种类型的细胞?

这些细胞间连接的特征提示上皮细胞起源。图 17a 中可见细胞核位于细胞边缘，提示腺泡或管状结构，所以提示分泌组织或腺体组织的肿瘤。

3　这些表现具有恶性特征吗?

多形性、细胞核大小不等、核质比高、染色质粗糙、巨核仁以及核仁大小和形态不一，均是恶性特征的表现。由于存在这些特征，可能起源于腺体组织，结合病变的位置，最可能的诊断是耵聍腺腺癌。组织病理学检查证实了这一诊断，且已出现淋巴结转移。

编者注：与犬相比，耵聍腺腺癌更常见于猫。通常伴有慢性刺激和感染的病史。在细胞学和临床表现上，很难与增生和腺瘤相鉴别。基于恶性特征可诊断为腺癌。腺癌具有局部侵袭性，可转移到局部淋巴结。偶尔可能发现远端转移。

病例 18

1　请描述图片中的细胞。

图片中可见 RBCs 背景中存在一簇大的有核细胞。这些细胞体积较大，含有丰富的轻度嗜碱性细胞质，偶尔可见花边样边界。细胞核呈圆形，位于中央稍偏于一侧，染色质粗糙且有颗粒，最多可见 3 个明显的圆形核仁。细胞中度大小不等，细胞核中度大小不等。也可见双核和多核现象。

2　根据这些细胞学发现，您的鉴别诊断有哪些? 您会做哪些进一步检查?

根据病史和存在的异型性细胞的数量，主要考虑恶性肿瘤。鉴别方向为上皮来源或间皮来源。有时会混淆反应性间皮细胞增生和肿瘤，但是异型性程度和边界清晰的肿物更倾向于考虑恶性肿瘤。需要进行组织病理学和免疫组化来最后确诊。间皮细胞通常（并不总是）同时表达细胞角蛋白和波形蛋白。但是，一些上皮来源的内脏肿瘤也会同时表达上皮和间质细胞标记物（如肾癌、肺癌、支持细胞瘤和甲状腺肿瘤）。当发现了原发性肿物时，临床病史和影像学检查可能有助于诊断。这个病例没有其他肿物 / 病变，组织病理学和免疫组化结果（共同表达细胞角蛋白和波形蛋白）（图 18c 和 18d；分别为细胞角蛋白和波形蛋白，40 倍油镜）考虑与上皮样间皮瘤相符。虽然仍存在临床症状，该猫从全麻状态苏醒。推荐主人使用 NSAIDs，进行腔内铂金类化疗药物化疗。经过 2 周厌食、昏睡和体重下降后，主人选择安乐死。

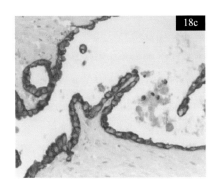
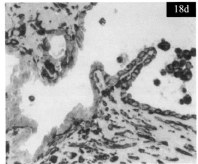

推荐阅读

Bacci B, Morandi F, De Meo M *et al.* (2006) Ten cases of feline mesothelioma: an immunhistochemical and ultrastructural study. *Journal of Comparative Pathology* 134:347–354.

病例 19

1 请描述有核细胞的细胞学特征。

可见形态单一的有核细胞，细胞质中度嗜碱性。细胞质内含有少量空泡，边界不清晰。细胞核位于偏中心的位置，染色质内有颗粒，核仁不明显。

2 这些细胞的起源是什么？或者可能是哪种类型的细胞？

这些细胞起源于神经内分泌组织，没有表现出明显的恶性特征。

3 基于这些细胞，您的诊断可能是什么？

细胞学诊断是肾上腺皮质增生 / 肿瘤。组织病理学确诊为肾上腺皮质腺瘤。在一项关于 18 例肾上腺皮质机能亢进的报告中，14 只猫被诊断为垂体依赖性肾上腺皮质机能亢进，4 只猫为单侧肾上腺皮质肿瘤（2 只为腺癌，2 只为腺瘤）。

编者注：这个病例中，实验室检查结果、右侧肾上腺肿物均支持肾上腺皮质机能亢进的诊断。在其他病例中，存在腹内肿物可能是最初的发现，超声引导细针抽吸可能是初步检查手段。在那些病例中，器官或肿物来源的细胞类型在临床上表现不明显。必须牢记肾上腺肿物抽吸和压片的表现有一些不同。在这个病例中，压片可见完整的具有经典空泡特征的细胞，为典型的肾上腺皮质来源。据报道，肾上腺肿物抽吸更常见大量细胞核、细胞质脱离，背景中有轻度嗜碱性细胞质，边界不清晰。这是典型的神经内分泌肿瘤的表现。也可能出现数量不定、如图所示的完整细胞。如果存在明显的退行性或多形性特征，并伴有恶性表现，可诊断为恶性肿瘤。但是，分化良好的腺癌也可能很难与腺瘤相区分，进一步组织病理学评估和临床检查发现可能的转移灶，可能有助于鉴别肾上腺皮质腺瘤和分化良好的腺癌。

推荐阅读

Bertazzolo W, Didier M, Gelain ME *et al.* (2014) Accuracy of cytology in distinguishing adrenocortical tumors from pheochromocytoma in companion animals. *Veterinary Clinical Pathology* 43(3):453–459.

Duesberg C, Petersen ME (1997) Adrenal disorders in cats. Veterinary Clinics of North America: *Small Animal Practice* 27(2):321–347.

病例 20

1　请描述您在图片中的发现。

图片中可见多种类型的有核细胞，主要是嗜酸性粒细胞，少量反应性泡沫样巨噬细胞和淋巴细胞。可见酵母菌样结构，伴有边界清晰未着色、厚的、黏液状荚膜，围绕着颗粒样嗜碱性内层结构，提示隐球菌（箭头所指）。

2　根据细胞学发现，您的判读结果是什么？

发现了中等数量、多种类型的细胞，嗜酸性粒细胞异常增多，伴隐球菌感染。犬 CSF 中嗜酸性粒细胞异常增多与感染性疾病（包括原虫、寄生虫、真菌、犬瘟和狂犬病）、过敏反应、肿瘤和类固醇反应性嗜酸性脑膜炎有关；可能是非特异性急性炎症反应或是特发性的。

犬隐球菌感染通常可弥散性存在于中枢神经系统和／或眼睛。当细胞学未发现病原时，可借助血清学和分子学方法诊断。

尽管进行了合理治疗，患犬状况仍持续恶化，发展出颅内神经症状，诊断3周后进行了安乐死。

病例 21

1 鉴别渗出性积液中的病原，请根据图片确定病原处于生活史的哪个阶段。

细胞内的原虫是刚地弓形虫。发育阶段：速殖子，在巨噬细胞和嗜中性粒细胞内增殖（见图21b右下角）。

2 您希望进行哪些实验室检查来支持细胞学诊断？

血清学。

3 假定获得了进一步的实验室结果，您从以下数值中可以确认什么：IgM-ELISA～1：256；IgG-ELISA～1：64？

IgM抗体可以在暴露后1～2周内确认早期感染。3～6周达到峰值，通常在12周时转为阴性。注意：一些猫在暴露1年后偶尔出现低IgM ELISA滴度的情况。IgG抗体在感染后2周出现，数年后仍保持较高的滴度。基于高IgM滴度和IgG滴度，患病动物处于活动性、进行性至稳定性刚地弓形虫感染期。也可以通过间隔2～3周连续检测IgG，IgG升高4倍也可以提示活动性感染。

4 弓形虫是一种潜在的人畜共患病。与其他人相比，猫主人和兽医感染刚地弓形虫的风险会更高吗？

不会。减少风险不一定需要禁止与猫接触，但是必须避免暴露于卵囊（尤其是孢子化卵囊）。因此，孕妇和免疫力低下的人不应该更换猫砂盆，从事园艺工作时应佩戴手套，烹饪时要特别注意卫生，尤其是处理生肉时。仅孢子化卵囊具有感染性，因此，必须每天更换猫砂，假如猫勤于梳理毛发，那么，因为它们的毛发上不会出现孢子化卵囊，所以也不可能具有感染风险。

5 血清学阳性猫对孕妇或免疫力低下的人有风险吗？

没有。大多数血清学阳性猫已经完成了排卵期，不可能重复排卵（达6年）。

病例 22

1 兽医细胞学的质量保证原则是什么？如何确定细胞学的诊断准确性？

实验室职能和结果质量受多种因素影响，包括分析前、分析中和分析后。根据质量保证体系，实验室所有操作都应记录具体的制度、监察及修正措施。在兽医细胞学中，样本采集、处理、运输和鉴定都是分析前因素，应该讨论分析前因素并使其标准化。细胞学家在向客户提供教育支持以及减少不规范送检的样本数量方面起着至关重要的作用。

标准化样本制备、固定和染色程序是分析中因素，应通过内部非统计质量控制程序进行管理；根据所用技术和细胞学家的喜好不同，不同实验室之间会有些差异。诊断准确性应该通过后续程序保证。这包括比对组织病理学或其他细胞学样本的结果，患病动物的临床信息，和其他可用来评估结果准确性的诊断性检查。当发现结果之间的差异时，需要重新查看样本，以确认是否存在过失或误读的情况。

最后，结果准确性还受分析后因素的影响。细胞学家的职责是给出标准的报告模板，这个结果应很容易理解，并有适当的解释。其他分析后程序还包括核对动物信息，保证及时给出正确的结果。

推荐阅读

Gunn-Christie RG, Flatland B, Friedrichs KR *et al.*; American Society for Veterinary Clinical Pathology (ASVCP) (2012) ASVCP quality assurance guidelines: control of preanalytical, analytical, and postanalytical factors for urinalysis, cytology, and clinical chemistry in veterinary laboratories. *Veterinary Clinical Pathology*, 41(1): 18-26.

病例 23

1 请描述图片中的细胞。

上皮样或神经内分泌样细胞黏附排列，更多呈腺泡样排列。这些细胞呈立方形、连接紧密，中度嗜碱性细胞质，偶可见散在空泡。在没有明显多形性的情况下，仍可以看到 3～5 个恶性特征，细胞聚集呈不规则排列，细胞核粗糙至致密，厚的核膜内可见深染的染色质，细胞核大小不一（细胞核中度大小不等），有些细胞碎裂，或单个存在。

2   您对这些发现的判读结果是什么？

细胞学特征符合胰岛素瘤或内分泌胰腺肿瘤。异型特征提示恶性。虽然恶性特征常不明显，但常见细胞转移性增殖。虽然此处并没有显示，这种细胞也可能出现不同程度但更离散的空泡化细胞核，并含有数量不等、清晰的核仁。

病例 24

1   请描述图片中的细胞。

图片中可见单一形态、分散的圆形细胞，特征为细胞质中等量，颗粒样嗜碱性；内含数量不等、边界清晰的空泡，偶尔可见空泡沿着细胞质边缘排列。细胞核呈圆形，居中或偏中心，染色质粗糙，通常含单个明显的圆形核仁。细胞中度大小不等和细胞核中度大小不等。

2   您对这些细胞学发现的判读结果是什么？

结合临床病史 / 表现，这些细胞学特征提示圆形细胞肿瘤，更提示传染性性病肿瘤（transmissible venereal tumor, TVT）。TVT 是一种外生殖器的组织细胞性肿瘤，可见于生活于温带的犬和其他犬科动物。好发位置包括外生殖器和所有性接触感染的黏膜。在这个病例中，最终通过组织病理学确诊TVT（切除活检）。长春新碱治疗 4 周病变完全消退。

病例 25

1   请描述涂片中的细胞。

图 25a 可见多种细胞，包括细胞质空泡化的巨噬细胞、少量淋巴细胞。高倍镜下（图 25b），巨噬细胞细胞质内的空泡化表现是由于存在大量清晰细长的细胞质内包含物。抗酸染色阳性涂片中（图 25c）可见大量红色抗酸杆菌。

2 您的判读结果是什么？鉴别诊断有哪些？

诊断：分枝杆菌病（鼠麻风分枝杆菌）。鉴别诊断：无。

病例 26

1 请描述细胞学发现，并给出您的细胞学判读。

少量呈小簇分布的分化良好的肝细胞，可见丰富的嗜酸性、致密的无定形物质混合其中，提示淀粉样变。淀粉样蛋白沉积是长期炎症过程和/或组织破坏的结果，这两者都可能会导致肝脏产生急性期蛋白血清淀粉样蛋白A前体，淀粉样蛋白沉积可能发生在各个器官，包括肾脏、脾脏、肝脏。临床症状可能不同，取决于受影响的器官、淀粉样蛋白沉积量，以及该器官对淀粉样蛋白沉积的反应。在某些情况下，淀粉样变可能会导致器官衰竭。

2 为进一步确诊需要补充哪些检测？

刚果红染色是一种有助于确认淀粉样蛋白沉积的组织化学染色，在标准光学显微镜下呈橙红色，偏振光下呈苹果绿色。

病例 27

1 鉴别图27a和图27b中标记为1、2、3、4的细胞或结构，并阐明其在支气管肺泡灌洗中的意义。

1代表呼吸道柱状纤毛上皮细胞［证实成功获得有代表性的呼吸道样本，远至主要气道（气管、细支气管）的细胞］；2代表浅表鳞状上皮细胞（提示有一定程度的口腔污染）；3代表鳞状上皮细胞表面的细菌，属于西蒙斯氏菌；这些是口腔的常在菌，也表明灌洗液被污染了；4代表克氏螺旋体（浓缩黏液）。

2 请解释图27c所见的病理过程。

明显的混合性感染性，显著的嗜酸性炎症。

3 如何确定灌洗液中细菌的临床意义？

细菌存在于溶酶体中，这些嗜酸性粒细胞吞噬了它们，存在于细胞质中。

4 嗜酸性粒细胞在吞噬和杀死细菌方面是否比嗜中性粒细胞更有效？

不那么有效。虽然嗜酸性粒细胞含有可以吞噬细菌的受体，但是相比于嗜中性粒细胞它们体受体密度更低，因此，尽管嗜酸性粒细胞具有高水平的过氧化物酶活性、氧化反应活性以及 H_2O_2，这些都涉及杀害细菌的过程，但是却缺乏一些杀菌物质（乳铁蛋白和吞噬素），其阳离子蛋白质有较弱的杀菌特性，甚至没有。

编者注：克氏螺旋体与黏液慢性、过多分泌有关。它们可能会出现在呼吸道和生殖道细胞学样本中，在人体中，已报道过体腔（胸膜和腹膜）液样本阳性病例。

在大多数情况下，呼吸系统细胞学样本中的浅表鳞状上皮细胞都是口咽污染的结果，无论是否存在细菌。污染程度可能有所不同，但对有经验和细心的操作人员而言，污染度通常很低。

鳞状化生可能产生于呼吸系统对慢性刺激的反应。在这种情况下，呼吸道柱状至立方上皮被复层扁平上皮取代。它通常为局部或局部扩散性病灶，是一种在慢性刺激下的尝试性修复和保护，但事实上，它可能是无功能和无保护性上皮细胞，缺乏正常的分泌或黏膜纤毛器官功能。鳞状化生优先于贮存细胞或基底细胞的增殖，随着厚度和细胞数量的增加，这种变化变得可见。这些细胞为组织碎片中小而均匀、紧密结合、具有少量细胞质的细胞。随着这些细胞的成熟和分化，它们类似于成熟的鳞状上皮，但个体更小，核质比更高。核染色质颗粒度可能增加，着色过深，核仁可能出现异型性增加，并发展至发育不良。在人医研究中，鳞状化生和发育不良出现于肺癌早期。严重发育不良可能与癌相似，或代表所谓的支气管上皮肿瘤，在某些情况下可能发展为侵袭性癌症。这些变化尚未在犬身上得到详细研究，以确定是否存在相同的潜在生物学行为和进展。然而，鳞状化生已在犬和马的呼吸系统细胞学样本中得到确认，并解释为对明显慢性刺激的反应。

推荐阅读

Baker R, Lumsden JH (2000) *Color Atlas of Cytology of the Dog and Cat*, 1st edn. Mosby, St . Louis, pp. 23–29.

Cotran RS, Kumar V, Collins T (1999) (eds) *Robbins Pathologic Basis of Disease*, 6th edn. WB Saunders, Philadelphia, p. 196.

Feldman BF, Zinkl JG, Jain NC (2000) *Schalm's Veterinary Hematology*, 5th edn. Lippincott Williams and Wilkins, Philadelphia, p. 304.

兽医细胞学诊断（犬、猫、马和奶牛）

Jain NC (1993) *Essentials of Veterinary Hematology*. Lee & Febiger, Philadelphia, p. 253.

病例 28

1　请描述涂片中所显示的结构？

可见一个大的包含多个椭圆形、细长细胞核的蓝染结构。未见核仁，多个平行纹或"条纹"垂直于这个结构的长轴。

2　您的判断结果是什么？

这个结构是横纹（骨骼）肌碎片。

3　您的鉴别诊断是什么？

可能的鉴别诊断包括误抽吸的肌肉组织和横纹肌瘤。

病例 29

1　这个肝脏抽吸涂片中最重要的特征是什么？

在一些区域，可以看到肝细胞中间黑色带状浓缩的胆汁（肝细胞外胆汁淤积），在胆小管内形成管型（箭头所指）；肝细胞的胞质轻度疏松，内含数量不等、界限模糊的空泡，伴轻度胞质变性，可能是因为小泡性脂肪变性（涂片其他区域更加明显）。同时可见少量嗜中性粒细胞和小淋巴细胞（主观评估认为超出血液污染情况下的细胞数量），可能提示轻度的并发性炎症，尽管未发现与肝细胞密切相关的白细胞。细胞外胆汁淤积继发于胆汁流出受阻；可能的鉴别诊断包括胆囊或胆管结石、胆囊黏液增生、严重胆管炎症、原发性或继发性肝肿瘤。

2　根据所有这些发现，最可能的原因是什么？

炎症。结合珠蛋白和 C 反应蛋白升高提示急性炎症，外周循环中中毒性嗜中性粒细胞和单核细胞数量增加，进一步支持这一诊断。腹部超声检查提示胆囊壁有炎症；手术过程中发现胆囊内有结石，并有炎症和局灶性坏死的现象。

病例 30

1　请鉴别图中的微生物。

皮炎芽生菌。

2 鉴定这种生物的主要形态学特点是什么？

皮炎芽生菌的特点是细胞壁明显，没有内生孢子形成，宽基出芽。非出芽形态容易与球孢子菌的小球体相混淆。球孢子菌的小球体直径可达 120 μm，而皮炎芽生菌的酵母形态通常不大于 15 μm。虽然这两种真菌的地理分布不重叠，但如果有流行地区旅行史，则这两种疾病都应考虑在内。发现皮炎芽生菌的芽殖形式或球孢子菌的大内生孢子球体，可以明确区分这两种感染性病原体。由于这两种微生物的琼脂凝胶免疫扩散血清学测试交叉反应极小，如果在细胞学检查中没有发现明确的特征，血清学可以帮助区分这两种真菌。

推荐阅读

Dial SM (2007) Fungal diagnostics: current techniques and future trends. Veterinary Clinics of North America: *Small Animal Practice* 37:373–392.

病例 31

1 请描述您的所见。

有大量的角蛋白和大量宽基出芽结构，像鞋底形状，与酵母表现一致。最可能的鉴别诊断是厚皮马拉色菌（也称为犬马拉色菌）。

2 您如何判定这些酵母菌的临床意义？

外部真菌性耳炎的诊断是每 40 倍物镜下大于 10 个病原，或每油镜视野下大于 4 个病原。马拉色菌在患外耳炎的耳中发现频率是正常情况下的 3 倍。

3 马拉色菌是如何引起外耳炎的？

炎症可能由是脂质 / 马拉色菌相互作用的副产物（如过氧化物的形成），或对马拉色菌及其副产物所发生的 I 型超敏反应所致。

4 哪种特殊染色方法可以诊断马拉色菌？这种染色的特点是什么？

革兰染色：嗜碱性颜色；PAS 染色：PAS 阳性，亮红色。

推荐阅读

Ettinger SJ, Feldman EC (2010) *Textbook of Veterinary Internal Medicine*, 7th edn WB-Saunders, Philadelphia.Rausch FD, Skinner GW (1978) Incidence and treatment of budding yeast in canine otitisexterna. *Modern Veterinary Practice* 53:914–915.

兽医细胞学诊断（犬、猫、马和奶牛）

Scott DW (1980) External ear disorders. *Journal of the American Animal Hospital Association* 16:426–433.

病例 32

1　细胞学涂片提示了什么过程？

两张显微照片均显示完整的嗜中性粒细胞和巨噬细胞，以及细胞内退行性物质。可见一个多核巨噬细胞，胞质具有致密的白色空泡（图32a），有两簇锯齿样矩形无色结晶（图32b）。空泡和结晶与脂肪/脂质、胆固醇有关，提示细胞吞噬和沉积/降解。黄色物质可能是胆红素，提示曾经有过出血的情况。

2　您最终的判读结果是什么？

这些症状与黄瘤表现一致，伴随脓性肉芽肿性炎症。这种损伤可见于脂质代谢异常（如高脂血症、糖尿病、甲状腺功能减退、肾上腺皮质机能亢进），但其确切病因尚不清楚。和黄瘤相比，皮下脂肪组织炎（脂膜炎）不是典型的脓性肉芽肿表现，也不会有明显的皮肤肿块。黄瘤常见于头、耳、腹股沟皮下或内脏器官。

病例 33

1　图片所示的是什么细胞？

除了红细胞外，还有一群多形性梭形细胞。这些细胞呈圆形至梭形，细胞质中度嗜碱性，边界不清晰，细胞核呈圆形至梭形，染色质聚集，包含1～2个核仁。结果提示间质细胞增生，可能是肿瘤病变。

2　您的判读结果是什么？

间质细胞增生。鉴别诊断包括反应性纤维增生、类肉瘤和软组织肉瘤。尸检证实为纤维肉瘤。

编者注：马梭形细胞瘤/间质细胞肿瘤的主要鉴别诊断包括纤维瘤、纤维肉瘤和类肉瘤。其他类型的间质细胞肿瘤非常少见。仅凭细胞学特征很难或不可能鉴别这些肿瘤。结合临床表现和肿瘤生长位置可能有助于诊断，但通常需要组织学评估来确诊。

病例 34

1 请描述这些涂片的细胞学特征。

背景中含有大量红细胞，还有多簇结合紧密的细胞，呈乳头状排列。多数细胞比较大，核质比低。细胞质丰富，有小颗粒，呈粉色至蓝色，细胞边界清晰。细胞核位于中央，呈椭圆形或圆形，染色质呈颗粒状；单个核仁，明显，呈圆形。这些细胞是上皮起源，并且是皮内改良皮脂腺（肛门腺）的一部分，一般出现在犬肛周部位。因为和肝细胞相似，这些细胞也被称为"肝样腺细胞"。箭头所指的一些小细胞是立方形贮存细胞。在皮脂腺瘤中可能会正常存在少数此类细胞。它们表现为小的基底细胞，有小而致密的细胞核，通常呈行排列。

2 您的判读结果是什么？

这些表现都支持肝样腺瘤的诊断。腺瘤和分化良好的癌都不能仅仅靠细胞学来分辨，因为它们的表现形式比较相似。腺瘤更加常见，并且通常发生在雄性未去势犬中（雄激素依赖），但恶性肿瘤在临床上较少遇见。

病例 35

1 请描述涂片中的细胞特征，并进行简单描述。

抽吸物获得大量有核细胞，成簇或片状排列，偶尔呈腺泡和栅栏样结构。这些细胞可能起源于上皮细胞，细胞质边界模糊不清，游离细胞核镶嵌在灰蓝细胞质背景中。细胞核圆形至卵圆形，染色质细腻，核仁小而不明显，异型性较小，包括轻度细胞不一。有时可见细胞外无定形粉红色物质（与胶质有关），这个现象可能会导致细胞成簇。

胶质及细胞核背景中不明显的细胞质，是甲状腺抽吸物常见的细胞学特征。

2 您的判读结果是什么？您推荐进一步做什么诊断？

甲状腺肿瘤，可能是甲状腺滤泡癌。犬甲状腺肿瘤临床上 90%～95% 为腺癌，具有恶性行为（高侵袭性和转移倾向）。分化良好的形态通常表现为轻度细胞异型性。因此，犬的任何肿块起源于甲状腺时，都应被视为癌，直到组织病理学确诊为止。甲状腺肿瘤通常血管丰富，局部浸润，因此切开或切除活检很复杂。

当出现甲状腺瘤时，可以考虑测量甲状腺激素，尽管在犬中，甲状腺激素分泌过多与甲状腺肿瘤有关的情况并不常见，可能仅涉及 10% 的病例。

编者注：对于细胞核存在于边界不清的细胞质中的样本，很难确定是否为甲状腺起源。也很难和保存不良、无法判读的样本区分开来。要做出正确的判断，就必须了解肿瘤的种类、部位和细胞保存问题。分化良好的恶性肿瘤（如甲状腺癌、肝细胞癌、软组织肉瘤）往往没有明显的恶性细胞学特征，在细胞学上可能与良性肿瘤相似。恶性肿瘤可从临床表现（如生长迅速、转移率高）、可疑部位及肿瘤类型等方面怀疑，一般需要组织病理学确诊。

病例 36

1　请问涂片上出现了什么细胞？

涂片染色后可见嗜中性粒细胞和细胞碎片（图 36b 中没有），但也有成簇的多形上皮细胞。这些鳞状上皮细胞是良性、角化成熟的鳞状上皮细胞（深蓝色结构，图 36b 左上角，部分位于视野外）或富含嗜碱性细胞质的上皮细胞，细胞质边界呈角状，点状空泡清晰可见，偶尔位于核周。其中一些是双核的，细胞核染色质粗糙，核仁明显，呈圆形，细胞中度大小不等和细胞核中度大小不等。

2　细胞学判读结果是什么？

鳞状上皮癌。眼睑是奶牛比较常见的肿瘤部位。嗜中性粒细胞的存在（图中未见）提示并发炎症，可能继发于潜在肿瘤和病变溃疡。

病例 37

1　请描述图片特征。

由于存在长链折光性圆形真菌孢子，使得毛根和毛干基部的皮质和髓质分界不清。

2　对于这些表现，您的判读结果是什么？

这些表现提示皮肤真菌病。许多种类的真菌孢子会在紫外灯下发光，而犬小孢子菌不会。拔毛或皮肤深刮物（包括毛细血管渗出物和新鲜血液）的显微镜检查有助于诊断，特别是对蠕形螨等体外寄生虫。荧光照射下，钙氟白染色有助于检测出表皮外孢子，但特异性较低。

病例 38

1　在显微照片中出现了什么类型的细胞？

图 38a 中有少量到中等数量的嗜中性粒细胞和中等数量的巨噬细胞。图中央上部有 3 个噬铁细胞（巨噬细胞，含有大量绿色色素）。背景中有少量薄黏液，图 38b 中有许多巨噬细胞。有 3 个噬铁细胞出现。

2　在显微照片中的噬铁细胞内有什么不同之处？

与图 38b 的噬铁细胞相比，图 38a 的噬铁细胞含有更大、更深染的含铁血黄素团块。图 38b 中的噬铁细胞含有更细、染色更浅的含铁血黄素颗粒。噬铁细胞细、染色浅，被称为"早期噬铁细胞"，通常在血液灌注或内镜下观察到出血 3～14 d 后看到。噬铁细胞中含有更大、更深染的含铁血黄素团块，称为"老化的铁细胞"，在血液灌注或内镜下观察到出血 14 d 后看到。

在巴氏染色涂片中容易识别含铁血黄素，对于马呼吸道样本，该染色优于罗曼诺夫斯基染色。如果需要进一步确认铁的存在，可以将珀尔氏普鲁士蓝染色直接应用于巴氏染色样本上。图 38c（珀尔氏普鲁士蓝，16 倍油镜）展示了马灌洗液中几个巨噬细胞，细胞质中含有蓝色颗粒物质为铁和含铁血黄素。图 38d 为马气管灌洗液染色（珀尔氏普鲁士蓝，25 倍油镜），显示细胞被弥散性着染，背景中有淡蓝色巨噬细胞和一些橙色红细胞。在一些样本

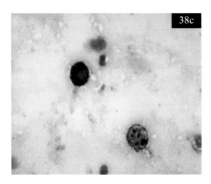
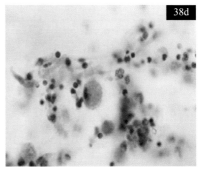

中，这些被铁弥散性着染的细胞可以在细胞学中检查到，而不存在可识别的含铁血黄素颗粒。它们的意义尚不确定，但它们仅在确诊为肺出血的马的样本中发现过。

3　根据细胞学发现，您的判读结果是什么？

在呼吸道细胞学样本中同时出现"早期噬铁细胞"和"老化的噬铁细胞"提示不止一次出血。涂片的其他特征（并非全部都有图示）包括丰富的薄黏液、活跃的巨噬细胞、少量到中等数量的嗜中性粒细胞、与支气管炎和细支气管炎一致的轻度异型性柱状和立方状上皮细胞。未见嗜酸性粒细胞。结合这种细胞和非细胞特征，与运动所致肺出血一致。

推荐阅读

Cian F, Monti P, Durham A (2015) Cytology of the lower respiratory tract in horses: an updated review. *Equine Veterinary Education* 27(10):544–553.

Freeman KP, Roszel JF (1997) Patterns in equine respiratory cytology specimens associated with respiratory conditions of noninfectious or unknown etiology. *Compendium on Continuing Education for the Practicing Veterinarian* 19(6):755–763, 783.

Roszel JF, Freeman KP, Slusher SH *et al*. (1988) Siderophages in pulmonary cytology specimens from racing and nonracing horses. *Proceedings of the 33rd Convention of the American Association of Equine Practitioners*, New Orleans, pp. 321–329.

Step DL, Freeman KP, Gleed R, Hackett R (1991) Cytological and endoscopic findings after intrapulmonary blood inoculation in horses. *Journal of Equine Veterinary Science* 119(6):340–345.

病例 39

1　请描述涂片中所示的细胞特征。

有核细胞群，可能起源于肌上皮细胞，细胞粘连但细长。外周呈漩涡和线状或成片的碎片。单个细胞表现为细胞中度大小不等和细胞核中度大小不等。细胞核呈圆形到椭圆形或不规则，染色质粗糙而不清晰，核仁大小不等。它们的细胞质呈浅蓝到中蓝色，边界纤细。细胞间也可见嗜酸性纤维或透明化物质（基质和硬性癌反应）。这些细胞成簇，呈不规则排列。乳腺炎和明显的膨胀 / 扩张都不明显。

2 对于这些表现，您的判读结果是什么？

这是乳腺癌，可能是复合性而非单纯性的。未见混合性间质细胞成分。

编者注：癌及单纯性和复合性上皮性乳腺肿瘤的鉴别是有争议的。在组织病理学中，可以对肿瘤进行分级，但目前还没有明确的、广泛接受的仅基于细胞病理学特征的标准。

病例 40

1 涂片上出现了什么细胞？

可见有一些红细胞，但几乎所有的有核细胞都来自一个多形性细胞群体。细胞呈圆形至梭形，细胞中度大小不等和细胞核中度大小不等。细胞核呈圆形至卵圆形，染色质粗糙，核仁明显，呈圆形。细胞质嗜碱性，边界不清。少数细胞（见图 40b 最右侧细胞）含有深绿色颗粒，与黑色素一致。

2 您的判读结果是什么？

黑色素瘤。

编者注：分化不良、无黑色素或黑素色颗粒少的黑色素瘤是"巨大的伪装者"，可能具有上皮细胞和/或间质细胞来源的特征。在这种情况下，仔细寻找，可能会发现一些含有少量黑色素颗粒，或与黑色素一致的蓝绿色到黑色物质的细胞。在其他情况下，可能怀疑黑色素瘤，但没有发现黑色素颗粒。

病例 41

1 请描述细胞学发现并解释。

背景中观察到的红细胞数量较多，同时有少量血小板团块（标记 1），少量淋巴细胞和嗜中性粒细胞（可能是血液来源），一小簇梭形间质细胞，可能是成纤维细胞（标记 2）；在图片右下角可见微丝蚴（组织丝虫病线虫的幼虫形式）（标记 3）。鉴别诊断包括肉芽肿伴微丝蚴感染。微丝蚴存在也可能是血液污染的结果，与犬微丝蚴血症有关。

2 还需要进行什么检查来确诊？

辅助的诊断包括肿物组织病理学和进一步检查来确定微丝蚴，包括改良诺特试验、血清学和 PCR 检查。可通过形态学标准来区分心丝虫和 *Dipetolema*，这是犬常见的微丝蚴。本例确定为心丝虫感染。肿物组织病理学诊断为皮肤血管瘤，病灶内未观察到微丝蚴或成虫。因此，微丝蚴的存在很可能是肿物抽吸时吸入血液污染所致。

推荐阅读

Bredal WP, Gjerde B, Eberhard ML *et al*. (1998) Adult *Dirofiaria fepens* in a subcutaneous granuloma on the chest of a dog. *Journal of Small Animal Practice* 39:595–597.

病例 42

1 确定涂片中出现的细胞种类，并描述最相关的特征。

样本具有足够的细胞量，保存较好，背景中含有丰富的无定形嗜碱性颗粒状物质，夹杂着清晰的空泡（最可能是脂滴）和少量脂肪细胞。图片中可见不同数量的炎性细胞，大多数为非退行性嗜中性粒细胞，少数为巨噬细胞（图 42a）。高倍镜下，一些巨噬细胞含有空泡化的细胞质，含不同数量的吞噬的无定形黄色物质（图 42b）。

2 您的判读结果是什么？

显微镜下所描述的细胞特征与脂膜（脂膜炎/脂肪组织炎）的嗜中性粒细胞和巨噬细胞性炎症相一致，可能有脂肪坏死。细胞质内的黄色物质可能是非特异性发现，然而，外源性物质如手术后皮下注射的药物，是另一个可能的考虑因素。

编者注：这种细胞学发现也是注射反应的典型表现。在肩胛间区域，这是一个重要的鉴别诊断和病史回顾，以确定在这个位置是否存在注射史。

病例 43

1 请描述图片的特征。

低倍镜显微照片显示一个细胞量很大的样本，在大量黏液物质中可见大量嗜中性粒细胞。并且很多呈退行性变化。在这些混合物中有很多嗜碱性"绒毛"颗粒。高倍镜显微照片更详细地显示了其中一个绒毛颗粒。该颗粒由许多嗜碱性丝状物组成，其末端在某些情况下已变成棒状。嗜中性粒细胞表现为核破裂和核溶解。

2 对这些表现，您的判读是什么？

这些表现提示严重的败血性嗜中性粒细胞性炎症。这些生物具有典型的放线菌或诺卡氏菌的"射线真菌"形态，如放线菌病/诺卡氏菌病。很有必要进行培养，应在厌氧情况下获得样本。棒状末端是含有磷酸钙沉积的凝胶状鞘。

3 这些微生物与其他什么疾病有关？

放线菌属为革兰阳性，微嗜氧到厌氧，不耐酸杆菌，偶尔出现分枝。诺卡菌属革兰阳性，但对抗酸染色呈不同程度的阳性。感染通常始于创伤性病原体进入皮肤（穿透伤口）导致皮炎、蜂窝织炎和皮肤结节。血源性传播可继发脓肿至内脏、胸膜炎/腹膜炎和脓胸。

病例 44

1 请描述涂片上看到的细胞，您的判读结果是什么？

在淋巴结穿刺物中可见一群大的多形性、卵圆形至纺锤形细胞。它们通常单独离散存在，但在某些区域存在的细胞成簇分布。单个细胞的核质比适中，通常包含一个卵圆形细胞核（也有一些双核和三核细胞）。细胞核大，染色质光滑，有1～2个巨型核仁。细胞质中等，轻度嗜碱性，很少含有绿色或黑色的圆形或米粒状颗粒（箭头所指）。在深嗜碱性背景中可见少量小淋巴细胞和少数红细胞，这些发现提示恶性肿瘤转移。

2 根据转移细胞的细胞学特征，您最有可能的鉴别诊断是什么？

恶性黑色素瘤（原发性黏膜肿物：组织学检查证实为黑色素瘤）。

3 哪种特殊染色可以用于确诊？

组织化学染色：丰塔纳-马森（Fontana-Masson）银染色通常能够在大部分无黑色素瘤中鉴别出少量黑色素颗粒。免疫组化染色：Melan-A、PNL2、TRP-1、TRP-2对黑色素瘤具有高敏感性和特异性（敏感性100%，特异性93.9%）。S-100具有高度敏感性，但特异性较低，因为它可能标记其他部分肿瘤（软组织肉瘤）。

兽医细胞学诊断（犬、猫、马和奶牛）

4 哪种肿瘤可能转移到局部淋巴结：癌还是肉瘤？

癌往往转移到淋巴结，肉瘤通常通过血源性转移，而不是淋巴系统转移。

编者注：淋巴结抽吸在犬、猫实质性肿瘤转移鉴别中的敏感性和特异性可能因多种因素而异。淋巴结取样应包括多次取样和多向取样，以便在只有少量转移灶时增加获得恶性细胞的可能性。此外，在某些情况下，肿瘤可能会沿正常引流通道"跳过"淋巴结，而在离肿瘤最近的淋巴结中可能不存在。有些病例以淋巴结肿大为主要症状，淋巴结内非淋巴恶性肿瘤的鉴别是潜在肿瘤的第一个表现。肿瘤区域的某些淋巴结可能肿大，在细胞学检查中表现出反应性，这些淋巴结在细胞学或组织学上没有恶性细胞，并不排除远端转移的可能性。

对于恶性肿瘤，无论淋巴结大小，均应常规进行局部淋巴结的细胞学或组织学检查。既往对转移性黑素瘤的研究显示，在有细胞或组织学证据显示下颌淋巴结转移的淋巴结中，多达 30% 的淋巴结大小正常，临床检查未见肿大。

推荐阅读

Bankcroft JD, Stevens A (1996) (eds) *Theory and Practice of Histological Techniques*, 4th edn. Churchill Livingston, Edinburgh.

Gross TL, Ihrke PJ, Walder J (1992) (eds) *Veterinary Dermatohistopathology: A Macroscopic and Microscopic Evaluation of Canine and Feline Skin Disease*. Mosby, St. Louis, p. 464.

Lagenbach A, McManus PM, Hendrick MJ *et al*. (2001) Sensitivity and specificity of methods of assessing the regional lymph nodes for evidence of metastasis in dogs and cats with solid tumors. *Journal of the American Veterinary Medical Association* 218(9):1424–1428.

病例 45

1 在支气管肺泡灌洗液样本中可见什么类型的炎性细胞？

支气管肺泡灌洗液样本中含有非退行性嗜中性粒细胞和活化巨噬细胞，细胞质含有丰富的泡沫，提示活跃的炎症反应。

2 在图 45b 中，箭头所指的结构是什么？

载玻片含有常见的细胞外卵圆形结构（包囊），其中包含几个小的嗜碱性体（滋养体）。其中一些微生物已经被巨噬细胞吞噬。它们可以单独出现，也可以成群出现。这些表现与卡氏肺囊虫感染的表现一致。有文献证明，患有肺囊虫肺炎的查理士王小猎犬的血清 IgG 浓度明显较低，而血清 IgM 浓度明显较高，这表明它们可能存在免疫缺陷，易受肺囊虫感染。

推荐阅读

Watson PJ, Wotton P, Eastwood J *et al.* (2006) Immunoglobulin deficiency in Cavalier King Charles Spaniels with Pneumocystis pneumonia. *Journal of Veterinary Internal Medicine* 20:523–527.

病例 46

1　请描述显微照片中所显示的特征。

在清晰的背景中，有中等数量的红细胞及清晰的脂质空泡。密集的上皮细胞成簇分布，伴有少量嗜中性粒细胞。上皮成分表现出恶性特征，包括：细胞中度大小不等和细胞核中度大小不等、细胞拥挤、核塑形（相邻细胞核相互融合）、细胞发育不良（外周碎片）。核仁非常明显、大小不等、不规则、单个到多个，染色质粗糙。细胞质深嗜碱性。所有这些发现都支持恶性增殖。虽然有活动性炎症，但上皮形态过于多形性，而不提示反应性增生或肥大。

2　根据这些发现，您的判读结果是什么？

胰腺外分泌癌。这通常是转移性的，强烈建议筛查局部淋巴结转移。与内分泌胰腺病理如胰岛素瘤相比，外分泌上皮细胞嗜碱性更强，有时呈紫色至粉红色、粒状到颗粒状的细胞质，可能有管状结构（此处未见）、多形性，或者更多的恶性特征。

病例 47

1　这些生物体是什么？

贾第鞭毛虫包囊。

2　请描述如何进行硫酸锌粪便漂浮，从何处寻找包囊？

首先通常在 100 倍镜下检查整个载玻片，排查其他寄生虫卵。这样会给贾第鞭毛虫包囊漂浮到硫酸锌溶液顶部留下足够的时间。转入高倍镜，仔细扫查，在盖玻片下方的气泡（特别是小气泡），是找到盖玻片下方溶液滴最顶端的标志。贾第鞭毛虫包囊很多时，将出现在同一个平面上。

3　酵母细胞比这些包囊更大或更小？它们是否会漂浮？

酵母细胞通常被误认为是贾第鞭毛虫包囊，但体积稍小。酵母往往会下沉到液滴的底部。

病例 48

1　请描述 FNA 的细胞学特征，并给出解释。

可见分化良好的肝细胞成簇分布，多数具有不清晰的细胞质空泡。空泡往往位于细胞质外围。结合这些细胞学发现和临床病史，主要提示糖原贮积，可能是类固醇肝病引起的。

2　简要讨论生化指标。它如何支持细胞学发现？

ALT 和 AST 升高提示轻度肝损伤。由于类固醇肝病，ALP 明显升高而胆红素不升高，通常是药物引起的。这可能是由于外源性皮质类固醇给药或内源性皮质类固醇释放，正如在库兴氏疾病的病例中看到的。

3　讨论其他诊断检查来确诊潜在疾病。

筛查试验（如 ACTH 刺激试验）可用于确诊库兴氏疾病。本例中皮质醇基础浓度为 221 nmol/L（参考范围为 25～260 nmol/L），ACTH 刺激后皮质醇浓度为 745 nmol/L（参考范围为 260～660 nmol/L），这强烈提示了库兴氏病。患有医源性库兴氏病的犬，其肾上腺皮质激素（皮质醇）的基础浓度和 ACTH 刺激后浓度均低于 221 nmol/L。还可以使用 LDDS 试验。为了区分垂体依赖性肾上腺皮质亢进和肾上腺肿瘤，需要进行 HDDS 检查。HDD 抑制 50% 以上的脑垂体肿瘤。如果 HDD 没有抑制，则需要测量内源性 ACTH 水平，<20 ng/mL 为肾上腺肿瘤，>50 ng/mL 为垂体依赖性肾上腺皮质亢进，20～50 ng/mL 是"灰色地带"或不能诊断。肾上腺超声检查也有帮助。

编者注：如该病例所示，临床化学检查和内分泌检查增强了对肝脏抽吸细胞学的解释。对细胞学结果的解释和各种鉴别诊断的排除依赖于相关病例信息。如果细胞学检查是在其他研究之前进行的，这些特征表明需要进一步检查，并且应建议进行生化检查和内分泌检查。

肝细胞空泡变化有时也称为空泡化肝病或细胞质稀疏化。可能难以区分糖原贮积的"模糊"空泡和弥漫性水肿变性，而肝脏脂质沉积症的特征是离散、轮廓更清楚的空泡。PAS 染色可用于糖原鉴定。在淀粉酶消化之前，糖原染色后呈亮粉红色。淀粉酶消化后，糖原被清除，粉色染色反应大大减少或消失。

病例 49

1 请描述涂片中出现的细胞，并提供全面的解释。

这些样本细胞量大。大部分细胞是圆形至椭圆形的浆细胞，轻微到中度细胞大小不一，细胞核偏于细胞一侧，小而圆，含有中等到大量深嗜碱性细胞质，特征性表现是核周淡染区，为高尔基体区。此外，有些细胞的细胞质外周边缘轮廓不规则，红色，这就是为什么它们被称为"火焰细胞"。髓系和红细胞前体细胞数量少，混杂在浆细胞中。高比例的浆细胞被认为与肿瘤一致。

2 您的判读结果是什么，还有什么诊断可用于确诊这种假设？

多发性骨髓瘤（MM）。这被认为是骨髓相关疾病。犬骨髓浆细胞增多症、骨溶解（通常涉及多个骨髓部位）、血清或尿液骨髓瘤蛋白（M 组分）通常是诊断 MM 的依据。所有被怀疑患有浆细胞瘤的动物，均应接受最小诊断评估，包括 CBC、血清生化指标和尿液分析。如果临床出现出血，应进行凝血评估和血清黏度检测。血清电泳和免疫电泳可用于确定单克隆成分。由于骨髓中浆细胞分布不均匀或呈浸润式发展，可能需要骨髓芯活检或多次抽吸。正常骨髓中含有的浆细胞不足 5%，而骨髓瘤的骨髓中浆细胞含量通常远远超过该比例。目前的推荐是骨髓中浆细胞 20% 以上。X 线检查被推荐用于确定骨溶解的存在和范围，可能具有诊断、预后和治疗意义。

病例 50

1 在显微照片中显示的是什么结晶？

显微照片显示大量二水草酸钙（COD）结晶。注意双锥体和正方形，它们的角由垂直的折射线连接（信封样结晶）在一起。图片显示结晶明显聚集，这可被解释为尿石形成的风险。此外，还可看见大量红细胞和少量白细胞。

2 在什么 pH 范围内形成这些结晶？

二水草酸钙结晶一般在酸性条件下形成，但可以在较大的 pH 范围内持续存在，因此可能存在于碱性尿液中。促进草酸钙尿石形成的原因尚不完全清楚。

3 血尿如何解释？

采用红外光谱法对尿石进行了分析，结果为二水草酸钙结石（COD）。这些尿石通常有粗糙的表面和尖锐的突出物（图 50b），可以破坏膀胱上皮细胞，导致血尿。

病例 51

1 请描述所显示的特征。

有几个柱状上皮细胞和一团相互缠绕的真菌菌丝。菌丝狭窄，有隔膜。

2 根据这些发现，您的判读结果是什么？

这些发现与马子宫真菌感染相一致。

3 这些发现的意义是什么？

诊断表明需要进行特异性抗真菌治疗。

念珠菌是引起子宫真菌感染的常见原因，但一些条件致病性真菌可能与子宫感染有关。

推荐阅读

Freeman KP, Slusher SH, Roszel JF *et al*. (1986) Mycotic infections of the equine uterus. *Equine Practice* 8(1):34–42.

Roszel JF, Freeman KP (1988) Equine endometrial cytology. *Veterinary Clinics of North America: Equine Practice* 4:247–262.

Slusher SH, Freeman KP, Roszel JF (1985) Infertility diagnosis in mares using endometrial biopsy, culture and aspirate cytology. *Proceedings of the 31st Convention of the American Association of Equine Practitioners*, Toronto, p. 165.

病例 52

1 鉴别图中是什么微生物？

荚膜组织胞浆菌。

2 感染这些微生物的常见途径是什么？

通过吸入或摄入从菌丝释放到环境中的小分生孢子或大分生孢子，可发生感染。组织胞浆菌病是由具有两种形态的真菌荚膜组织胞浆菌引起的。从细胞学角度，该生物的特征是一个 2～4 μm 椭圆形酵母微生物与薄壁折光环（假包膜）。这种生物具有薄层出芽，通常在上皮样巨噬细胞中发现。出芽生殖形式在细胞学涂片中并不常见。与球孢子菌和芽生菌不同，组织胞浆菌通常位于细胞内，包括巨噬细胞和嗜中性粒细胞。此外，可以在血涂片找到含酵母的巨噬细胞和嗜中性粒细胞，因为弥散性疾病会波及骨髓。

推荐阅读

Greene CE (2012) *Infectious Disease of the Dog and Cat*, 4th edn. Elsevier, St Louis, pp. 614–621.

病例 53

1 请描述图 53a 中主要的变化。在图 53b 中央的大细胞为单核巨噬细胞，描述在这个细胞的细胞质内的微生物，您的判读结果是什么？

淋巴细胞（小和中／大）和少量成熟浆细胞混合。也可见散在的巨噬细胞。这些细胞的细胞质中含有 20～30 个椭圆形微生物，大小为 3～5 μm，具有红色的细胞核和细胞质，淡蓝色代表婴儿利什曼原虫的无鞭毛体。在这些寄生虫的细胞质中，有时可见到偏心于细胞核的红色细胞器，这是动基体，是利什曼原虫的一个显著特征。这种原虫感染在世界范围内分布，可在人和动物（皮肤、内脏和皮肤黏膜）中引起不同形式的疾病。不同种类的利士曼原虫由不同种的白蛉、沙蝇传播。

婴儿利什曼原虫在地中海国家流行。犬是寄生虫的主要宿主。猫的感染也有文献记载，但很少见。前鞭毛体是沙蝇的寄生阶段，被叮咬后感染脊椎动物宿主。脊椎动物巨噬细胞宿主吞噬前鞭毛体，前鞭毛体开始在细胞内复制为无鞭毛虫。巨噬细胞死亡并释放无鞭毛体，再进入其他固定或循环的巨噬细胞。当沙蝇从脊椎动物体内摄取含有受感染巨噬细胞的血液时，无鞭毛虫会在沙蝇体内以前鞭毛体的形式繁殖。感染后疾病的发展取决于宿主的免疫反应。较高的传染性似乎与较低比例的辅助性 T 细胞有关。许多研究证实，生活在流行地区的犬无症状感染的发生率很高。

直接观察淋巴结、骨髓和皮肤抽吸／活检中的寄生虫是最可靠的诊断试验，但敏感性较低（50%～70%），通常无法检测到寄生虫。在这种情况下，细胞学检查可排除其他疾病（如淋巴瘤，具有类似的临床表现）。利什曼病的 ELISA 和 PCR 检测有助于利什曼病的诊断。

2　实验室检查提示非再生性贫血、高球蛋白血症，以多克隆 γ- 球蛋白为主，轻度氮质血症。凝血指标无异常。如何解释鼻衄？

细胞内寄生虫影响单核巨噬细胞系统，常引起强烈的免疫系统反应和Ⅲ型超敏反应（免疫复合物介导），导致肾脏、眼部、皮肤和滑膜继发性损伤。实验室检查经常发现明显的高球蛋白血症和低白蛋白血症、肾功能不全、肾病综合征或肾小球肾炎。血清蛋白电泳以多克隆 γ- 球蛋白症为特征，单克隆 γ- 球蛋白症也有报道。在犬利什曼病中，出血是常见的表现，尤其是鼻出血。鼻出血可能是唯一症状，虽然罕见血小板减少。一种继发于高球蛋白血症和高黏综合征的获得性血小板病被认为是这种出血障碍的潜在原因。

病例 54

1　请识别箭头所指的结构。

棘层松懈细胞。圆形上皮细胞的细胞质呈浅蓝色，可见小的、圆形呈网状的细胞核，核周空泡数目不等，与棘层松懈细胞一致。嗜中性粒细胞通常与上皮脓疱中的棘层松懈细胞有关。细胞学上的棘层松懈细胞与组织学切片中的角质层下脓疱相一致（图 54b；H&E 染色，40 倍油镜）。

2　请列出这个发现的两个鉴别诊断。

落叶天疱疮、红斑狼疮和大疱性脓疱均可表现为脓疱性疾病，伴有含有棘层松懈细胞的角质层下脓疱。在脓疱疮病例中，也经常看到球菌。落叶天疱疮和红斑狼疮的鉴别需要免疫组织化学染色，以确定免疫球蛋白在上皮内的分布。落叶天疱疮具有表皮内抗体的细胞间定位，红斑狼疮具有细胞间和基底膜的抗体定位。

推荐阅读

Gross LG, Ihrke PJ, Walder EJ *et al.* (2005) *Skin Diseases of the Dog and Cat: Clinical and Histopathologic Diagnosis*, 2nd edn. Wiley-Blackwell, Ames.

病例 55

1 利用实验室数据和显微照片对液体样本进行分析。

严重败血性、混合性（多数为嗜中性粒细胞）炎症（腹膜炎）。这些细菌已经被吞噬，因此很重要。游离细菌可能是污染物，也可能不是。

2 根据图 55b，样本中含有多种细菌，包括杆菌、球菌和丝状菌，需要再进行两种实验室检查，或送检到商业实验室。

（1）革兰染色。这些是革兰阳性菌。革兰阴性和革兰阳性菌来自两个不同的病变/患者，图 55c 所示（革兰染色，100 倍油镜）。临床医生可根据革兰染色结果选择合适的临时抗生素，以进行良好的治疗。（2）需氧菌和厌氧菌的细菌培养。多形性革兰阳性菌提示临床医师注意放线菌或诺卡菌感染的可能性。

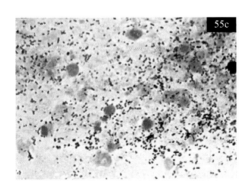

3 从脓胸和败血性腹膜炎中分离到的最常见的细菌是什么？

犬：大肠杆菌、巴氏杆菌属和放线菌属。猫：需氧菌有巴氏杆菌属、放线菌属和大肠杆菌属；厌氧菌有拟杆菌属、厌氧菌胃链球菌属和梭杆菌属。

编者注：在一些由放线菌或诺卡菌感染引起胸腔积液的病例中，细长、串珠状、丝状或多形性杆菌的菌落可被视为柔软的灰色"硫颗粒"，有脓性渗出物。如果足够大，它们在宏观上和微观上都是可见的。诺卡氏菌和放线菌的区分很重要，因为需要不同的抗生素治疗。革兰和抗酸（Ziehl-Neelsen）染色技术的标准化对获得一致可靠的结果非常重要。

推荐阅读

Walker AL, Jang SS, Hirsh DC (2000) Bacteria associated with pyothorax of dogs and cats: 98 cases (1989–1998). *Journal of the American Veterinary Medical Association* 216(3):359–363.

病例 56

1　在显微照片中显示的细胞是什么？

中度至显著的非典型柱状上皮细胞。细胞核增大，核染色质突出增加。在一些细胞中可以看到小而明显的核仁。可见细胞间连接，但未见纤毛，细胞具有正常有序方向，但两极未被保留。与图 56b（马气管灌洗液，萨诺改良波拉克三色法，50 倍油镜）细胞特征比较，在此显微照片中，可见一组成簇分布的柱状上皮细胞，其特征正常。细胞核位于基部且均一，染色质细腻。核仁不存在或不明显。柱状上皮细胞的管腔侧可见带有纤毛的终柱。

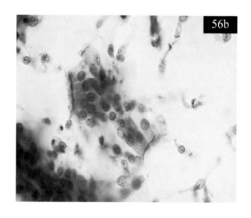

2　这些发现有什么临床意义？

上皮异型性具有重要意义，因为它表明慢性、严重的呼吸道刺激。没有正常的细胞和纤毛，肺黏膜纤毛器官和清除机制受到损害。在别的视野里有许多嗜中性粒细胞。这些特征符合严重的慢性支气管肺炎的临床诊断。

病例 57

1　您的细胞学判读结果是什么？

真菌菌丝引起的混合性、化脓性到肉芽肿性炎症。

2　根据微生物列出可能的鉴别诊断。

曲霉菌、青霉菌、金孢菌及其他透明丝状菌。在细胞学和组织学上确定一种真菌很困难。菌丝呈分隔状，有锐角分枝，两侧平行，偶见脉络曲张，类似衣原体孢子。对该病进行经尸体剖检，并对组织（肺、腹部肿块、腹部淋巴结）进行真菌培养及鉴定，最终培养出曲霉菌。存在分生孢子头是确定某种真菌为曲霉菌的细胞学特征或组织学特征，也是唯一特征。这些结构很少在组织中发现，但可以在高氧压组织或鼻甲骨组织中看到。有时，在曲霉菌病灶的抽吸细胞学检查中可以看到小的蓝绿色到浅绿色分生孢子。

编者注：在细胞学中评估可能的真菌元素时，在对真菌进行鉴别时应考虑真菌的种类、品种、临床表现以及真菌形态学特征。然而，明确的诊断需要真菌培养或分子鉴定。

推荐阅读

Lanzarin LD, Mariano LC, Macedo MC *et al.* (2015) Conidial heads (fruiting bodies) as a hallmark for histopathological diagnosis of angioinvasive aspergillosis. *Autopsy & Case Reports* 5:9–18.

病例 58

1　显微照片中显示的是什么类型的细胞？

图片显示一群大的有空泡的上皮细胞，细胞成簇分布，在嗜碱性背景中含有红细胞。细胞质轻度嗜碱性及空泡化。细胞核呈圆形，较小，靠近中心，核染色质致密。这些表现与正常唾液腺组织相一致，可能抽吸到正常的唾液腺组织。注意，由于下颌淋巴结靠近唾液腺，因此穿刺淋巴结时容易穿刺到唾液腺。

2　显微照片图 58b 中，箭头所指的红细胞呈线性排列，也称为"风干束"，这是什么原因？

风干束是黏性背景基质的结果。也可以在其他样本中观察到，包括关节液或 FIP 积液，均含有大量黏多糖或蛋白质。

病例 59

1 根据细胞学观察，您的判读结果是什么？

细胞学结果与嗜中性粒细胞性炎症和病灶内新生隐球菌表现一致。

2 还需进行其他什么检查来支持这种诊断？

如果细胞学检查找不到隐球菌，但又怀疑感染，或如果需要确诊，可进行真菌分离培养和鉴定。使用血清、尿液或脑脊液进行抗原检测，可以进行诊断或治疗性监测，滴度低至 1∶1 即可认为隐球菌病阳性，建立诊断。

隐球菌感染和病原体可在许多类型的样本中出现，但是猫最常见在脑脊液或鼻腔分泌物样本中。还可以在皮肤病变或心包、腹腔或胸腔积液中，也可以在淋巴结穿刺液、呼吸道细胞学样本，或其他部位，取决于是局部感染还是弥散性感染，以及出现的症状和调查途径。

编者注：隐球菌可能与组织细胞混淆，因为中心生物体与细胞核类似，周围的光环或包膜可被误认为是细胞质的边界。在某些病例中，该微生物具有折光性，可能与手套粉末颗粒混淆，后者也具有折光性。有时隐球菌小，可能没有明显的包囊，如果只有少量，很难与溶解的红细胞或气泡相区别。这种微生物直径范围很广（5～20 μm）。伴随的炎症多样化，从轻微到不存在，或呈肉芽肿样。无明显炎症不能排除感染。在超微结构上，已经证明囊体是从生物体表面辐射出来，由相互缠绕的微丝形成。黏多糖或 PAS 染色会使包膜周围含有因黏多糖而呈现红色或粉红色。荚膜厚度被认为与生物体的年龄和退化程度有关，较年轻、保存较好的样本显示的荚膜较少。可见到出芽生殖，隐球菌会表现出窄基出芽生殖。

病例 60

1 请描述细胞学发现，并给出您的细胞学解释。

该涂片含有几个肝细胞，具有圆形到卵圆形的细胞核，细胞质轻度嗜碱性。在背景中和肝细胞周围可见大量小淋巴细胞。淋巴细胞是小的圆形细胞，细胞质嗜碱性。细胞核圆形，为红细胞大小的 1～1.5 倍。核染色质致密并聚集。细胞学检查结果提示肝脏为小淋巴细胞性淋巴瘤。

2 请讨论这种情况。

许多患有肝脏淋巴瘤的猫在细胞学上可见大量小淋巴细胞。重要的是区分淋巴细胞性门静脉周肝炎和肝脏淋巴瘤。患有肝脏淋巴瘤的猫通常出现严重肝肿大，而淋巴细胞性门静脉周肝炎的肝脏轻度增大。无论淋巴细胞的细胞学外观如何，对于有严重淋巴细胞浸润和明显肝肿大的猫，建议进行组织学诊断。慢性淋巴细胞性白血病（CLL）浸润肝脏也会出现这样的表现，因此很有必要结合外周 CBC 检查和外周血细胞形态检查评估。可能比较难以区分 CLL 和具有白血病期的小淋巴细胞性淋巴瘤，并且取决于对一些身体系统和器官的评估。

编者注：当肝脏抽吸出现大量淋巴细胞时，在您的鉴别诊断列表中，除了淋巴细胞门静脉周肝炎外，还包括重要的小淋巴细胞性淋巴瘤。

病例 61

照片显示来自贴纸碎片的纸纤维，类似于真菌菌丝，但无内部结构，不规则，无分支。

病例 62

1 请确定在涂片中存在的主要细胞类型，并描述最相关的特征。

在大量红细胞的清晰背景中，小淋巴细胞占主导。它们具有小的嗜碱性细胞质边缘，一个圆形至锯齿状的细胞核，染色质颗粒性，核仁模糊。进行免疫表型分析后，发现同时存在 T 细胞和 B 细胞，T 细胞 CD4 阳性，提示非肿瘤疾病。在显微照片中可见少量大的有核细胞，细胞质具有丰富的无规则小空泡，有一个或两个圆形细胞核，染色质网状，核仁小而圆。这些细胞与人类霍奇金淋巴瘤的 Reed-Sternberg 细胞相似。Reed-Sternberg 细胞一般对 B 细胞（CD20，CD79a）和 T 细胞（CD3，CD5）标记物呈阴性，但是起源于人类 B 细胞谱系。

2 您的判读结果是什么？

细胞学方面和单一颈部淋巴结发病均提示霍奇金样淋巴瘤。鉴别诊断包括反应性淋巴细胞增生和组织细胞 / 树突状细胞性疾病。而大的双核细胞并不提示反应性淋巴增生，并非典型的组织细胞 / 树突状细胞性疾病。霍奇金淋巴瘤是人类公认的疾病，很少在家养动物中出现，主要在猫中出现。在人类中，鉴别诊断应包括 T 细胞丰富的 B 细胞淋巴瘤（T-cell-rich B-cell lymphoma，TCRBCL），这是大 B 细胞淋巴瘤的一种罕见突变，其特征是含有大量非肿瘤性 T 细胞，但其 B 细胞是肿瘤性的。在猫中，鉴别 TCRBCL 和霍奇金淋巴瘤具有很大的挑战性，还未确定鉴别的特殊标准。组织学和免疫组化被认为是鉴别猫霍奇金淋巴瘤的必要条件。

推荐阅读

Re D, Thomas RK, Behringer K *et al.* (2005) From Hodgkin disease to Hodgkin lymphoma:biologic insights and therapeutic potential. *Blood* 105:4553–4560.

Walton RM (2001) Feline Hodgkin's-like lymphoma: 20 cases (1992–1999). *Veterinary Pathology* 38:504–511.

病例 63

1　在显微照片中显示的结构是什么？

"石棉体"，目前首选术语是铁素体。这些纤维结构与吸收石棉纤维反应有关，但是可能发生一些不同矿物纤维的吸入。

2　这些发现有什么临床意义？

这些铁素体出现在马的气管灌洗液中，临床意义不明确，因为很少被观察到。在人中，它们与间皮瘤和支气管癌的形成有关。在人的支气管灌洗液中出现大量铁素体可能会反映职业接触，但是铁素体不是特异性发现。现在所有城市居住者在肺里均有铁素体，但通常在普通人群中浓度很低，在常规制备的肺切片或呼吸道细胞学标本中很少发现。珀尔氏普鲁士蓝染色可提高铁素体的检测敏感性，因为它们通常含有铁，并且染色阳性（蓝色）。

在马中出现铁素体可能与其居住的环境和工作条件有关。本病例包含在这本书中，是用以说明当看到一个大的案例卷时，可以发现各种特征性病变。鉴别诊断可能包括来自环境污染的其他纤维。这些不容易与植物相混漪，因为植物纤维通常含有可见的细胞壁。

为了熟悉马呼吸道样本中经常出现的各种污染物（植物、孢子和花粉），建议收集居住环境中的干草物质，并在窗台上放置几个小时的载玻片，以收集污染物。通过这种方式收集样本可以染色，用于常规评估，并提供常见环境污染物的例子。不同的马棚、通风系统、不同批次的干草、不同管理方式和一年中的不同时期，污染物的种类可能不同，因此定期评估环境污染物，通常有助于马呼吸道样本的质量保证和控制。

病例 64

1 请解释异常红细胞形态和生化异常。

棘红细胞是球状红细胞，在其表面具有不规则突起，长度不一，呈钝尖状。在肝脏疾病时，脂质可能在脂质双层外半部分积聚，这可能会引起细胞膜外翻，并形成针状突起，导致棘形红细胞的形成。轻度 ALT 和 AST 升高提示轻度肝损伤，胆红素和 ALP 升高是胆汁淤积性肝脏疾病的特征性指标。即便是轻度血清 ALP 升高，对于猫来说也比较有意义，因为对猫来说，ALP 的半衰期较短。

2 请描述细胞学发现，并给出您的细胞学判读结果。

可以看到多个肝细胞，其中很多肝细胞含有明显的点状透明的细胞质空泡，且细胞质空泡将细胞核推向细胞一侧。背景中同时也可见丰富的点状空泡。细胞学上的解释是空泡变性，与肝脂质沉积相一致。

3 请列出您的鉴别诊断。

猫的肝脏脂质沉积症可能为原发性疾病，或者是由其他代谢性疾病、炎症或肿瘤性疾病继发引起的。大约 50% 的病例被报道为特发性，能够继发肝脏脂质沉积症的疾病包括糖尿病、胰腺炎、甲状腺功能亢进、类固醇性疾病和肿瘤。

GGT 的测量有助于对疾病的诊断，此前一项研究表明，80% 的脂质沉积症患猫的 ALP：GGT 值升高。

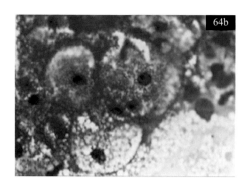

编者注：附加一张显微照片做比较（图64b；瑞氏吉姆萨染色，100倍油镜）。在肝细胞内有很多个小的、清晰的细胞质空泡，符合空泡样变性的特征性表现。

推荐阅读

Center SA, Baldwin BH, Dillingham S *et al*. (1986) Diagnostic value of serum gammaglutamyl transferase and alkaline phosphatase activities in hepatobiliary disease in the cat. *Journal of the American Veterinary Medical Association* 188(5):507–510.

病例 65

1　请描述细胞学发现，给出您的细胞学判读结果。

细胞学涂片显示肝细胞呈中度到显著的异型性细胞学特征，如细胞中度大小不等，细胞核显著大小不等，核仁一个到多个，大小不一、圆形。染色质呈簇状，边缘不规则。同时可见双核及多核细胞。这些细胞学发现提示肝细胞肿瘤（如肝细胞癌）。

2　讨论在犬出现这种疾病时不同的表现形式。

肝细胞癌可分为弥散型、结节型以及团块型。一般来说，弥散型包含大部分面积的肝脏被非包囊样肿物组织浸润，结节型肝细胞癌发生于多个肝叶，由多个大小不等的离散性结节组成，而团块型肝细胞癌涉及单个肝叶，由一个大的肿物组成。根据超声检查发现，本病例中，该犬可能是弥散型肝癌，弥散型和结节型肝癌一般转移风险较高（据报道分别约为100%和90%），团块型肝癌发生转移的风险相对较低（据报道大约35%）。肝癌通常可以保持一定程度的肝细胞分化，在细胞学上通常可与转移性肝肿瘤区分开来。

3 请讨论这只患犬的预后。

基于潜在较高的转移风险，该患犬的预后较差。转移最常发生于局部淋巴结、腹膜和肺。已发现肝细胞癌通过脉管系统偶尔会转移到心脏、脾脏、肾脏、肠道、脑和卵巢。

编者注：肝脏肿瘤的诊断可能会比较困难，尤其是中度至严重肝病病例，可能会导致肝细胞不同程度的多形性，可能由变性、炎症和再生引起。一个分化良好的肝细胞腺瘤通常由正常的肝细胞或者极轻度异型性肝细胞组成；获得明确的诊断通常需要进行组织病理学评估。最近一项关于分化良好的犬肝细胞癌的回顾性研究中，明确了一些典型的细胞学特征，包括肝细胞离散分布，肿瘤细胞呈腺泡或栅栏样排列，出现裸核和毛细血管，伴轻度细胞大小不等及细胞核大小不等，多核及核质比增加。如果肝细胞核在细胞质之外，因为有明显的核仁，它们可能和转移或肿瘤细胞浸润很相似，所以应注意评估细胞质完整的细胞。分化较差的肝细胞癌可能与转移性癌难以区分。

推荐阅读

Masserdotti C, Drigo M (2012) Retrospective study of cytologic features of well-differentiated hepatocellular carcinoma in dogs. *Veterinary Clinical Pathology* 41(3):382–390.

病例 66

1 请描述上面两个显微照片所示的细胞类型及特征。

可见少量红细胞及低密度的有核细胞。在这些显微照片中并未表现出关节液典型的黏液性背景，但是当检查玻片时证实有黏液性。图 66a 有 3 个小的深染细胞，可能为小淋巴细胞或滑膜细胞；还有 2 个单核样细胞，具有中等量的嗜碱性细胞质，含有明显的胞质内空泡，有可能为滑膜细胞或巨噬细胞。图 66b 是高倍镜下，2 个小的深染的细胞，可能为淋巴细胞或小的滑膜细胞，以及一个反应性滑膜细胞或巨噬细胞，具有丰富的泡沫样细胞质和明显的胞质内空泡。未发现嗜中性粒细胞和病原微生物。

2　对于这个病例您的判读是什么？您将如何评论？

液体的特点及细胞学特征支持非化脓性关节疾病，很可能为退行性关节疾病（degenerative joint disease，DJD）。DJD 的特征继发于关节结构的改变，导致关节软骨发生退行性变化，这些异常通常继发于骨软骨病，关节不稳定、创伤或关节发育不良。关节滑液的单核样细胞数量轻度增加是主要的发现。

随后的 X 线检查显示两个膝关节均有中度骨关节炎的变化。滑膜细胞的变化可能非常细微。需要仔细研究在正常关节中发现的滑膜细胞才能识别可能代表偏离正常的微小变化。滑膜细胞在应答刺激或损伤时，其变化范围非常有限，常见细胞质轻度增多，染色质突出，轻度核增大，提示活性增强。多种情况可导致这种外观，但出现这些细胞形态时，需要将退行性病变包括在鉴别诊断中。需要一张快速风干的，或者进行巴氏染色的良好涂片，如果涂片太厚或者未完全风干，细胞可能会聚集到一起或被深染，这些细微变化可能很难辨识，或者根本无法被辨别。

病例 67

1　箭头所指的结构是什么？

这是一个细胞核内的矩形晶体结构，这种包涵体偶尔会发生于临床表现正常的犬的肝脏细针抽吸物中，临床意义未知。但是，这些被认为与慢性肝脏疾病有关。

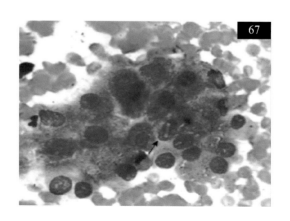

推荐阅读

Maxie MG (2007) *Jubb, Kennedy, and Palmer's Pathology of Domestic Animals*, 5th edn. Saunders, Philadelphia, pp. 297–388.

病例 68

1　显微照片图 68a 中主要的细胞类型是什么？

主要的细胞类型为成骨细胞，这些细胞表现出"浆细胞"样，具有偏心的细胞核及明显的核周淡染区。然而，即使这是一个肉瘤，肿瘤细胞单个分布、圆形，而不是像许多其他肉瘤一样成簇分布，细胞呈梭形，细胞核染色质较细密，核仁较模糊。

2　显微照片图 68b 中大的多核细胞是什么？

大的多核细胞为破骨细胞，可发生于任何骨溶解病变，另外可见成骨细胞，伴随一些更加梭形的细胞。在涂片的不同区域，可见到相对一致的纺锤状间质细胞，松散成簇分布，以及亮粉色细胞外基质（图 68c；瑞氏吉姆萨染色，20 倍油镜），骨肉瘤的不同组织学亚型具有不同的细胞学发现。

3　您可能的诊断是什么？

细胞学发现与成骨细胞骨肉瘤的表现最为一致，已经被组织病理学证实。细胞学与组织病理学在骨组织病变中具有高度相关性，高质量的细胞学样本比低质量的细胞学样本具有更高的一致性。

4　为了帮助评估细胞起源，需要进行哪种附加的细胞化学染色？

碱性磷酸酶（ALP）染色有助于证实肿瘤的骨起源（图 68d；ALP 染色，20 倍油镜）；但是，却无法区分正常的骨反应与肿瘤性骨组织。ALP 阳性也能在一些其他的肿瘤性组织中被观察到，包括无黑色素性黑色素肿瘤、胃肠道基质细胞瘤、碰撞瘤（collision tumors），以及低分化肉瘤。

推荐阅读

Berzina I, Sharkey LC, Matise I *et al.* (2008) Correlation between cytologic and histopathologic diagnoses of bone lesions in dogs: a study of the diagnostic accuracy of bone cytology. *Veterinary Clinical Pathology* 37:332–338.

Ryseff JK, Bohn AA (2012) Detection of alkaline phosphatase in canine cells previously stained with Wright-Giemsa and its utility in differentiating osteosarcoma from other mesenchymal tumors. *Veterinary Clinical Pathology* 41:391–395.

病例 69

1 请描述细胞学发现并给出您的细胞学判读结果。

涂片中含有大量肝细胞，大多数表现为裸核，嵌在嗜碱性细胞质背景中，聚集在一些完整的肝细胞周围，也可见微腺泡模式结构（箭头所指），这些发现提示分化良好的肝细胞癌。

2 为了确诊，需要进行哪些其他的检查？

手术切除涉及肿瘤的肝叶，并进行组织病理学检查，给出了明确的诊断，即分化良好的肝细胞癌的纤维板样病变。由于在对分化良好的肿瘤进行组织学诊断时，需要对组织结构进行评估，并与正常的肝组织实质进行对比，所以采集到足够大小的样本很重要，而且要尽量从直接邻近正常组织的过渡区域采样。对小的活检样本进行诊断非常困难，或者不可能进行。

编者注：分化良好的肝细胞癌的肝细胞很难与正常/增生的肝细胞区分开来，大部分情况下，需要进行组织病理学检查，建立明确的诊断。然而，已经描述了分化良好的犬肝细胞癌具有特殊的细胞学特征，包括肝细胞离散分布，肿瘤细胞呈腺泡或栅栏样排列，裸核及毛细血管的存在，轻度细胞大小不等及细胞核大小不等，多核和核质比增加。

推荐阅读

Masserdotti C, Drigo M (2012) Retrospective study of cytologic features of well-differentiated hepatocellular carcinoma in dogs. *Veterinary Clinical Pathology* 41:382–390.

病例 70

1 腹腔积液属于哪种类型（体腔液分类）？

渗出液。

2 图 70a 的细胞是什么？

嗜中性粒细胞，反应性巨噬细胞，以及淋巴细胞。巨噬细胞有吞噬的迹象，未见病原微生物。

3 图 70b 的细胞是什么？

位于底部中心的为一个大的淋巴样细胞，其他很多细胞表现为完整性很差的淋巴样细胞。位于中心的一些细胞为嗜中性粒细胞，偶见细胞质内的球菌样微生物。

4 您的判读结果是什么？

混合性炎症（腹膜炎）。该动物有一个囊性腹内脓肿。

编者注：大动物的 NCCs 及积液分类的 RIs 与小动物标准是不同的（病例 4 中有牛和马积液的分类指南）。

这个病例阐明了不同类型细胞的比例和数量，以及细胞特征评估的重要性。尽管可以提高肿瘤诊断的可能性，但是一些大的淋巴样细胞不能证实存在恶性肿瘤。

很多溶解的嗜中性粒细胞及细胞内球菌与感染和炎症的情况一致。当存在腹膜炎时，需要考虑腹腔内脓肿。在某些情况下，脓肿可能被包裹并引起与刺激有关的改变，而在其他情况下，它可能破裂或泄漏到腹腔（与该病例相类似），或导致全身性败血症。

病例 71

1 回顾实验室数据和显微照片，请给出合适的判读。

淋巴瘤。

2 考虑到这只猫较年轻以及淋巴瘤的解剖位置，您希望获得哪些可能影响该病例预后的其他实验室数据？

这只猫的 FeLV 情况。大部分患有胸腺纵隔淋巴瘤的猫 FeLV 阳性。FeLV 阴性猫预后较好。由于早期文献和当前文献之间存在矛盾，目前正在对此进行研究。一些出版物声称这种差异与 FeLV 相关淋巴瘤的发病率降低有关（免疫接种和猫抗原血症检出增加）。这改变了淋巴瘤的发病率，从年轻 FeLV 阳性猫转移到更常见的老年 FeLV 阴性猫。

编者注：在这个病例中，大的、离散的"圆形细胞"提示典型的肿瘤性大淋巴样细胞。根据年龄，纵隔肿物及细胞外观，淋巴瘤是较为恰当的解释。

兽医细胞学诊断（犬、猫、马和奶牛）

推荐阅读

Duncan JR, Prasse KW, Mahaffey EA (1994) *Veterinary Laboratory Medicine: Clinical Pathology*, 3rd edn. Iowa State University Press, Ames, pp. 65–66.

Fabrizio F, Calam AE, Dobson JM *et al.* (2016) Feline mediastinal lymphoma: a retrospective study of signalment, retroviral status, response to chemotherapy and prognostic indicators. *Journal of Feline Medicine and Surgery* 16(8):637–644.

Hirschberger J, DeNicola DB, Hermanns W *et al.* (1999) Sensitivity and specificity of cytologic evaluation in the diagnosis of neoplasia in body fluids from dogs and cats. *Veterinary Clinical Pathology* 28(4):142–146.

病例 72

1 在涂片中可以看到什么？

不同大小的折光性晶体物质。在其他视野（未显示）有一些梭形细胞和巨噬细胞。同时可见一些多核巨细胞。

2 您的判读是什么？

局限性钙质沉积（又称钙质性痛风、顶浆分泌囊性钙质沉着、肿瘤样钙质沉着）。这种状况被称为是皮肤钙质沉积的一个亚类。其发病机制尚不清楚。它主要发生在年轻大型犬，已经确认德国牧羊犬好发。据报道，该病可发生在颈椎（伴脊髓压迫）、舌头、皮肤（尤其是四肢、关节附近，过度受压点）。拳师犬和波士顿㹴犬可能好发于耳廓基部和脸颊处。

病变通常为单发，但一些病例为多发，或者呈对称性。晶体物质的数量、相关的肉芽肿和发育不良反应可能在个体之间有所不同。然而，通常存在丰富的晶体物质，如本病例一样。影像学检查和组织学表现也常具有特征性。治疗需要手术切除，至今没有报道过手术后复发的情况。

在人类中，局限性钙质沉积症与高磷酸盐血症有关，被认为是家族性的。尚不清楚这种不平衡是否会在犬一些的局限性钙质沉积中起到一定的作用。

不要将从局限性钙质沉积的病灶细针抽吸的不规则晶体物质与手套粉末（图72b 和 c；瑞氏吉姆萨染色，分别为 25 倍和 100 倍油镜）的淀粉晶体混淆，淀粉晶体较小，卵圆形至角形。高倍镜下可见典型的十字交叉，裂缝或者椭圆形结构。手套粉末是戴手套或在使用手套粉的地方采集的细胞学样本中常见的污染物。当在体腔液样本中有肉芽肿性炎症或者具有肿物的病史时，需考虑由之前手套粉末污染而导致的淀粉相关性肉芽肿。

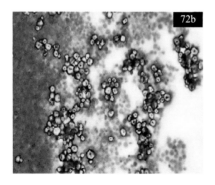

病例 73

1 识别微生物。

球孢子菌属物种（*C. immitis* 或 *C. posadasii*）。

2 识别图中标记为 1 和 2 的结构。

小球体（标记 1）；内生孢子（标记 2）。

3 在犬中，感染这种疾病的最常见的两个器官系统是什么？

犬呼吸系统和肌肉骨骼系统最常受到影响。

球孢子菌病是一种深部真菌病，由形态学相同但是基因型单一的双相真菌 *C. immitis* 和 *C. posadasii* 引起。主要感染途径为吸入感染，罕见经皮接种。在制备细胞学涂片时，该生物体的特征是嗜碱性小球体，细胞壁厚，通常有折叠的外观，较大的球体显示内生孢子形成。这些小球的直径可达 120 μm。这种生物体通常与化脓性至脓性肉芽肿性炎症相关。

推荐阅读

Nguyen C, Barker BM, Hoover S *et al.* (2013) Recent advances in our understanding of the environmental, epidemiological, immunological, and clinical dimensions of coccidioidomycosis. *Clinical Microbiology Reviews* 26:505–525.

Shubitz LF (2007) Comparative aspects ofcoccidioidomycosis in animals and humans. *Annals of the New York Academy of Sciences* 1111:395–403.

兽医细胞学诊断（犬、猫、马和奶牛）

病例 74

1　根据这些显微照片，请描述所见的细胞，它们与正常的肾组织一致吗？

这个密集的细胞样本由许多非常大的、圆形至椭圆形细胞组成，这些细胞含有少量至中量淡嗜碱性细胞质，通常包含数量不等的细小的透明空泡。与背景中的嗜中性粒细胞比较，注意这些细胞的大小。大部分细胞含有一个圆形至卵圆形的不规则细胞核，位于近中心；但是也可见少量多核细胞。中度至显著的细胞大小不等及细胞核大小不等。可见一个非典型的有丝分裂象（图 74b）。对于送检的样本，未发现肾组织。

2　最可能的细胞学诊断是什么？

根据细胞形态和组织分布，最有可能的诊断为组织细胞肉瘤。根据临床表现，组织细胞肉瘤呈弥散性生长。典型的细胞学特征包括细胞成簇分布，圆形细胞大且多形，具有明显的多核细胞，显著的细胞异型性，以及异常有丝分裂象，在一些病例中还会出现细胞吞噬现象。

3　可以用什么检查来确认这个诊断？

推荐进行补充检查来进行确诊，这些检查包括组织病理学。组织病理学用来证实细胞学诊断。特殊的免疫组化染色也有助于进一步确认细胞学和组织学诊断。这只犬的活检对 CD204 染色呈强阳性，CD204 为组织细胞标记物。组织细胞肉瘤的肿瘤细胞同时也对其他标记物（包括 CD1a、CD11c、MHCⅡ和 CD18）呈阳性反应。

关节组织细胞肉瘤可表现为一种局部疾病，在疾病进展早期通过手术切除可能治愈；但是，如本例中的这只犬一样，可能最终发展为全身性的，噬血细胞变体的特征为再生性贫血和血小板减少症，本病例未出现这种情况。这种症状有可能被误诊为 Evan's 综合征（译者注：免疫介导性溶血性贫血伴免疫介导性血小板减少症）。因为这只犬病变涉及全身，客户选择了姑息治疗。

推荐阅读

Moore PF (2014) A review of histiocytic diseases of dogs and cats. *Veterinary Pathology* 51:167–184.

病例 75

1 请描述显微照片中的细胞。

在红细胞频繁出现的清晰背景中，可以观察到单一群体的、多形性大淋巴细胞。可见丰富的、轻度嗜碱性细胞质，并含有多种不同大小的紫色到洋红色颗粒。细胞核大（大于红细胞直径的 2.5 倍），细胞核圆形至椭圆形，偶见锯齿状、带有颗粒的染色质，核仁小而不可见。

2 您的判读是什么？

大颗粒淋巴细胞性（large granular lymphocyte，LGL）淋巴瘤，LGL 淋巴瘤是一种高分级的猫淋巴瘤亚型，通常发生在胃肠道和 / 或肠系膜淋巴结。多为 T 细胞表型，除了细胞质内存在颗粒外，CD3、CD5 阳性，CD8 α-α 常呈阳性，很少 CD4 阳性。偶尔可见嗜酸性粒细胞，与肿瘤性大颗粒淋巴细胞混合一起。猫的 LGL 淋巴瘤具有侵袭性临床表现，诊断时通常已侵袭到血液和 / 或骨髓。

推荐阅读

Roccabianca P, Vernau W, Caniatti M *et al.* (2006) Feline large granular lymphocyte (LGL) lymphoma with secondary leukemia: primary intestinal origin with predominance of a CD3/CD8(alpha)(alpha) phenotype. *Veterinary Pathology* 43:15–28.

病例 76

1 涂片中可见哪些细胞？

涂片上细胞为单一形态的大淋巴细胞。这些细胞有少量轻度嗜碱性、粒状细胞质；细胞核圆形，靠近中心；偶见锯齿状细胞核，染色质粗糙颗粒状，核仁小而圆，数量不一。

2 您的判读是什么？

大细胞性淋巴瘤。

病例 77

1 涂片中所示是什么物质的结构？

所示结构分别为碳酸钙和二水草酸钙结晶，碳酸钙结晶呈圆形，在高分辨率的图片中可看到许多结晶从中央呈条纹状辐射。而中央有十字形的长方形或者正方形结晶（类似信封）是二水草酸钙结晶。

2　这些发现有何意义？

少量碳酸钙结晶在马的尿液中很常见，马从肠道中吸收钙，并通过尿液排出多余的钙。尿液中出现少量二水草酸钙结晶也是正常的，动物吃了含草酸盐的植物后可能会出现。

3　您的诊断是什么？

对这个样品的诊断为：无异常发现。因为尿液中的结晶都在正常范围内，在一些病例中，过度刺激可能会导致显著的结晶尿，但是如果出现结石等泌尿道临床症状，碳酸钙结晶和二水草酸钙结晶的因素应该排除掉。此外，多饮多尿的症状在马中非常难记录，因为根据环境条件的改变、运动或日常饮食，马的饮水量也会有所不同。

病例 78

1　您的鉴别诊断是什么？

低倍镜下涂片的黏性表现及红细胞的直线排列都表明这个肿物与黏性基质有关。细胞呈纺锤样，细胞核呈多形性，表明这是一个恶性间质类细胞瘤，最怀疑为黏液肉瘤。细胞核的恶性特征标准包括：细胞核大小不等、偶见多核（图 78a；中央）、核质比差异大、核破裂、核仁明显及染色质粗糙。阿利新蓝对背景下黏性蛋白质的着染对诊断可能会有帮助。其他一些也以黏性基质（myxomatous matrix）为特征的肿瘤也应该被纳入鉴别诊断，如软骨肉瘤、脊索瘤、黏液性脂肪肉瘤，这些肿瘤通常都可以通过细胞学和组织学特征进行区分。

病例 79

1　请描述细胞学涂片，并给出您的细胞学诊断。

少数细胞体积较大，离散分布，一小簇相似的细胞连接紧密，成铺路石样排列，其中混着一些小淋巴细胞。大细胞的胞质轻度蓝染，细胞边界有棱角，细胞核呈圆形，位于中心，核染色质有颗粒。细胞显著大小不等。在淋巴结的穿刺物观察到大的、连接紧密的上皮细胞，高度提示转移性癌。胞质丰富，细胞边界有棱角，高度怀疑起源于鳞状上皮细胞。

在进行外科手术前，对局部淋巴结进行 FNAs 细胞学检查，便于对肿瘤进行分期，且与组织学结果密切相关。

推荐阅读

Herring ES, Smith MM, Robertson JL (2002) Lymph node staging of oral and maxillofacial neoplasms in 31 dogs and cats. *Journal of Veterinary Dentistry* 19:122–126.

病例 80

1 显微照片中所见的细胞与哪种细胞系最一致？

细胞排列疏松，呈卵圆形或纺锤形，细胞边界不清晰，这些特点与间质起源的细胞最为一致。

2 根据损伤处的组织分布、临床病史和血液学数据，您认为患犬最像是患哪一种肿瘤？

根据细胞学特性，结合再生性贫血、轻度血小板减少的临床病史，考虑应为血管肉瘤。单凭细胞学不能分辨究竟是血管肉瘤还是其他软组织起源的肉瘤；然而，瘤内或腔内出血表明病灶间歇性破裂，这是由肿瘤的异常血管结构造成的。虽然诊断不能详细到血管肉瘤，但是由于病灶的出血倾向引起巨噬细胞中存在含铁血黄素（图 80c；瑞氏吉姆萨染色，100 倍油镜）通常被认为是血管肉瘤的特征之一。血管肉瘤的肿瘤细胞也有噬红细胞象。噬红细胞象也在其他间质类肿瘤中被报道过，包括嗜血细胞性组织细胞肉瘤和骨肉瘤。

因为该肿物易于扩散，不予考虑手术治疗，只做保守化疗。

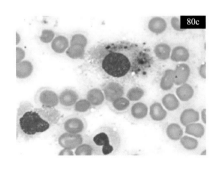

兽医细胞学诊断（犬、猫、马和奶牛）

推荐阅读

Barger AM, Skowronski MC, MacNeill AL (2012) Cytologic identifcation of erythro-phagocytic neoplasms in dogs. *Veterinary Clinical Pathology* 41:587–589.

病例 81

1　请问这是一条寄生虫吗？

不是。这是一种在犬粪便常见的假寄生虫。

2　请问这是什么？

一种酵母菌，兔粪酵母菌（复膜孢酵母属）。通过主人的描述，许多犬吃过兔粪便后会排泄这种微生物。

病例 82

1　请辨别图中标记为 1、2、3、4 的结构 / 细胞，并阐明其提示意义。

1= 吞噬红细胞象（没有固定的液体样本在运输过程中或体内均会发生）；2= 含铁血黄素（是铁的一种较稳定、活化程度较低的形式，由铁蛋白和在溶酶体中的变性铁蛋白组成）；3= 胆红素结晶（这些是大多数哺乳动物血红素降解的主要最终产物，通过胆绿素还原酶将胆绿素转化为胆红素）；4= 类胆红素结晶（这些是胆红素的一种不溶性结晶形式，在化学成分上与胆红素相同）。有时被称为组织胆红素，当氧分压低（低氧状态）时形成类胆红素结晶。血红素氧合酶是一种酶，当氨基酸和铁被释放后，利用氧分子和NADPH，它就会被分解成四吡咯血红素环。因此，类胆红素结晶通常在组织或体腔内出血时发现（见图 82d 巨噬细胞里 RBC 分解的流程图）。

2　哪些发现可提示慢性出血？

标记 2，3，4 表明慢性出血，1 不是，因为它可能在运输过程中发生，除非样品在采集后立即使用福尔马林或 40% 乙醇固定。固定的样本需要巴氏或 H&E 染色，不是所有实验室都具备这样的条件。

3　您需要哪种特殊染液确认来自血液降解色素的含铁血黄素（标记 2），并含有铁？

珀尔氏普鲁士蓝染色：把铁染成蓝色至黑色（图 82e；珀尔氏普鲁士蓝染色，100 倍油镜）。巨噬细胞中蓝色到蓝黑色，表明存在铁。

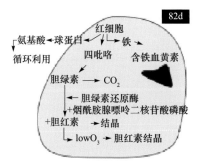

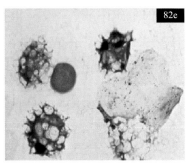

4 请列出导致出血性渗出液的三个常见原因以及可用于排查出血性渗出原因的相关实验室检测。

出血性积液的考虑应包括：凝血障碍（检查血小板和检查凝血因子 APTT 和 PT）、创伤（临床病史及外部体征）或肿瘤（诊断性影像学检查和确认可能的内部或外部团块或其他异常，需要进一步检查）。

编者注：出血时应考虑的其他鉴别诊断包括血管破裂或浸润、器官扭转、灭鼠剂中毒或医源性污染。在一些情况下，医源性污染可能容易与真正的出血区分开来，但在其他情况下，难以或不可能将两者区分开来，除非出现支持出血的特征，如本例所示。当进行样本穿刺时，颜色从清亮或黄色至血色变化时，提示医源性污染。在涂片中存在血小板支持医源性污染或急性出血，因为它们会从含有血液的液体中迅速消失。在含有真正出血的液体中，除非最近发生了出血（最近几小时内），否则很少能看到血凝块和血小板。在液体样本中采集后立即固定在 40%～50% 乙醇或 10% 福尔马林中，立即进行巴氏染色，存在红细胞吞噬支持近期出血，因为固定可以防止标本运输过程中红细胞的吞噬。

推荐阅读

Meyer DJ, Harvey JW (1999) *Veterinary Laboratory Medicine: Interpretation and Diagnosis*, 2nd edn. WB Saunders, Philadelphia, p. 260.

病例 83

1 请描述细胞学发现。

有少量蛋白质背景，带有几个扁平透明的盘状，带有"切口角"的结晶，这些与胆固醇结晶相一致。

2　这些发现有什么意义？

胆固醇结晶可在闭合性的囊肿中出现。它们可能出现在细胞凋亡增加和含脂细胞膜分解的区域。

3　您的细胞学判读结果是什么？您的结论是什么？

根据细胞学特征，其判读与分泌腺囊肿的来源一致。目前没有炎症或感染的迹象。未见细胞提示囊肿起源。在本次采集的样本中没有出现，并不能排除邻近肿瘤的可能性，但具有这种细胞学外观的许多囊肿是非肿瘤起源的。它们不能自行消退；因此，应考虑手术切除并进行组织学评估。

病例 84

1　图 84a 中出现的非常大的细胞是什么？

一个成熟的巨核细胞。这些非常大的细胞是血小板前体，特征是具有丰富的蓝色细胞质，边界不清楚，有多个融合的圆形核。

2　图 84b 中箭头指示的小细胞是什么？

箭头所指的细胞为成熟浆细胞。它们表现为圆形细胞，有适量的深蓝细胞质，清晰的核周区域（高尔基区），细胞质边界清晰。它们还有一个偏心核，核染色质浓缩，核仁不明显。在这只犬的骨髓样本中，浆细胞占所有有核细胞的 10%（正常骨髓样本中＜2%），表明存在浆细胞增生。

3　什么疾病会导致骨髓中的这些细胞增加？

浆细胞增生可能继发于慢性炎性症，包括犬埃里希体病。这种良性增生必须与多发性骨髓瘤相鉴别，多发性骨髓瘤是骨髓内浆细胞的肿瘤增生，常伴有单克隆 γ-球蛋白病，影像学提示骨溶解以及本周蛋白尿。多发性骨髓瘤中，骨髓浆细胞比例大于 15%，浆细胞常以片状形式出现，有时形态不典型。该犬埃利希体 IgG 阳性，并给予强力霉素治疗。

推荐阅读

Kuehn NF, Gaunt SD (1985) Clinical and hematologic ndings in canine ehrlichiosis. *Journal of the American Veterinary Medical Association* 186:355–358.

病例 85

1 请描述从图 85a 中观察到的细胞学发现。

背景清晰，可见少量到中量的细胞外异染性（洋红色）颗粒，偶见红细胞。可见一小群颗粒度高的肥大细胞。肥大细胞有中等数量的细胞质，边界清晰，充满异染颗粒，部分细胞的细胞核被颗粒掩盖。当这些细胞核可见时，细胞核圆形，位于偏心至近中心。观察不到核细节。在左下象限有一颗嗜酸性粒细胞。

2 您的判读是什么？

肥大细胞瘤（MCT）。

3 请说出图 85b 中标记为 1 的细胞名称，并描述标记为 2 的物质。

反应性间质细胞（成纤维细胞）（标记 1），提示纤维增生。标记为 2 的结构指示为透明胶原束，与降解的胶原或胶原溶解有关。出现嗜酸性粒细胞、降解的胶原和纤维增生都是 MCTs 的常见表现，继发于肥大细胞颗粒释放出组胺、蛋白水解酶和趋化因子。

编者注：在诊断出 MCT 后，推荐临床分期。这包括 CBC（以确定可能的全身肥大细胞增多症）、局部淋巴结细胞学评估和腹部超声（如果发现异常，可对脾脏和肝脏进行细胞学评估）。最近发布了一项通过细胞学对肥大细胞进行分级的方案。如果发现颗粒度低或有以下细胞学特征中的两种或以上：存在有丝分裂，50% 以上的细胞核大小不等，双 / 多核，或核多形性，则为高分级 MCT。这种细胞学分级方案已被发现可以预测存活率，并与 MCT 二级（z-tier）组织学系统相关。

广泛性手术切除和组织病理学检查是主要的治疗方案；也可以考虑冷冻手术、放疗和 / 或化疗。犬 MCTs 的预后因素包括临床分期、组织学分级、细胞增殖标记物（如 Ki67、AgNORs）和是否存在 c-Kit 突变。

推荐阅读

Blackwood L, Murphy S, Buracco P *et al.* (2014) European consensus document on mast cell tumours in dogs and cats. *Veterinary Comparative Oncology* 10:1–29.

Camus MS, Priest HL, Koehler JW *et al.* (2016) Cytologic criteria for mast cell tumour grading in dogs with evaluation of clinical outcome. *Veterinary Pathology* pii. 03009858

16638721［E-pub ahead of print］.

病例 86

1　您的鉴别诊断是什么？

过敏和寄生虫性支气管炎 / 支气管肺炎，这是最有可能的两种诊断。

2　您推荐的其他诊断试验是什么？

多涂几张涂片，对寄生虫幼虫进行仔细检查。如果没有发现，应进行粪便贝尔曼漂浮试验，因为当犬咳出痰时，寄生虫可能会被吞食。在伴有奥斯勒丝虫感染时，支气管镜检查可发现气管分叉处有寄生结节。这些也可以在 X 线检查片上观察到。过敏性支气管炎的诊断方法是排除寄生虫感染和观察皮质类固醇治疗反应，如果可能的话，在动物环境中排查过敏原。

编者注：其他不太常见的鉴别考虑应该包括肺嗜酸性粒细胞浸润，这可能是局灶性的，也可能是自发性的或与心丝虫感染有关。一些类型的肿瘤（肥大细胞瘤，T- 细胞淋巴瘤，或一些上皮和间皮恶性肿瘤）也与嗜酸性粒细胞浸润有关，但通过比较临床症状和病史的不同，可与本病例相区分。在吸入抗原过敏病例中，确定引起刺激的抗原可能是非常困难的。

病例 87

1　请描述您在这些涂片看到的物质。

有一组上皮细胞，细胞核呈椭圆形、染色过浅的常见核，无颗粒染色质或核仁。细胞质不明显，边界不清楚。细胞核常重叠或非常接近。

2　您对这些发现的判读是什么？

这些特征与冬季发情不活跃是一致的。

3　为什么需要知道这些？

有必要知道这一点，因为这表明这匹母马还没准备好繁殖。母马可能需要接受光照或激素治疗，也可能需要等母马自然进入活跃的繁殖期。

病例 88

1　请描述在显微照片中显示的特征，并提供大体描述。

样本细胞量大，细胞保存完好。背景清晰，含有中等数量的红细胞。在标记1处有一些连接紧密成簇的肝细胞，呈规则的片状排列。这些细胞有丰富的颗粒状嗜碱性细胞质，少数细胞含有清晰的点状空泡和胞质内褐绿色颗粒。在标记2处注意到少量深色带状浓缩胆汁，在胆道小管内形成管型。此外，造血细胞的数量也不尽相同，大部分是不同成熟阶段的红细胞。红细胞系的特点是原始红细胞（标记3）（大圆形细胞，带有中等数量的深嗜碱性细胞质，一个圆形、近中心的细胞核，粗糙颗粒状核染色质）和中幼红细胞和晚幼红细胞（标记4）（小细胞，是成熟过程的一部分，特征为少量嗜碱性细胞质、小的深染核及固缩核）。这些细胞通常位于小的、紧密连接的聚集簇中，与巨噬细胞（造血岛）相连。也注意到少量大的多核细胞（巨核细胞，血小板来源）（标记5）。

2 您的最终判读是什么？

肝脏髓外造血。在患有持续性贫血的犬或慢性肝炎的非贫血犬中，可以观察到肝脏造血的证据。这可能是非特异性反应的一部分，可能是局部组织发生变化，创造出允许造血干细胞生长和分化的微环境。在结节再生性增生中也偶见类似的发现。此外，肝脏肿块包含造血前体细胞的混合物，以及分化良好的脂肪细胞，可能提示髓脂瘤，这是一种罕见的犬肝脏肿瘤。

病例89

1 在涂片中可以识别哪些细胞？您会怎样描述这种细胞排列？

在粉红色颗粒背景中偶有红细胞和中等数量的大单核样细胞，很可能是滑膜细胞。这些细胞呈线性排列，被称为风积丘，在高黏性样本中常见，如关节液或唾液腺穿刺。

2 您的诊断是什么？

细胞学判读与退行性关节疾病一致。

退行性关节疾病（骨关节炎，骨关节病）的特征是关节结构退化，有可能是继发的，如由于韧带损伤引起的关节不稳定或发育性疾病。关节液的变化可能包括黏度和蛋白质浓度降低、正常、黏蛋白质凝块形成不良。细胞数量通常增加，以单核样细胞为主（＞90%），通常为巨噬细胞或增大的滑膜内衬细胞，单个或成簇分布。可见少量淋巴细胞和罕见的非退行性嗜中性粒细胞。同时存在的破骨细胞可能提示软骨和/或骨侵蚀。

编者注：本病例中可见轻度非典型性滑膜内膜细胞，有时被称为增生和肥大的滑膜内膜细胞，与小滑膜细胞相比，滑膜内膜细胞比较大，从组织学上看，染色质更明显，可见滑膜细胞增厚的病灶。

这一细胞学发现并不是骨关节炎的特征性表现，与持续刺激的反应一致。退行性关节疾病/骨关节炎的临床诊断需要结合其他相关信息，如临床病史、影像学和对各种治疗的反应。

病例 90

1　这种肺脏分型，细胞学发现和外周嗜酸性粒细胞增多的主要鉴别是什么？

患有弥漫性肺间质型和外周嗜酸性粒细胞增多的犬，鉴别诊断包括肠寄生虫迁移、肺线虫感染、嗜酸性粒细胞增多症和过敏性肺炎。

这里观察到肺线虫为 *Aleurostronglylus abstrusus*。常见于猫，中间宿主是蜗牛和蛞蝓。这种疾病通常是自限性的，但有些猫确实需要治疗。这只猫是一只室内 - 室外猫，已经失踪 1 周，8 周后出现咳嗽。*A. abstrusus* 感染的潜伏期为 6～18 周。

病例 91

1　请描述图片中所观察到的细胞和特征。

有许多紧密连接的乳突状和筏状细胞。一些腺泡结构——细胞排列在清晰的空间周围，可能是管腔，较为明显。这些细胞有卵圆形细胞核，通常具有单个小而明显的核仁。细胞质较少到中等，从均匀到空泡化不等。一些细胞含有单个大的细胞质空泡，而另一些细胞则含有多个小空泡。

2　此次抽吸，您的判断是什么？

细胞学特征与乳腺上皮源性病灶一致。乳腺肿瘤是一个主要考虑因素，不过需要组织学确认。对于乳腺肿瘤的诊断，细胞学缺乏足够的敏感性和特异性，特别是当细胞学恶性特征不明显时。建议在这些病例中采用组织病理学进行进一步描述。组织病理学确诊为乳腺腺癌。

乳腺腺癌在母马中是一种不常见的肿瘤。通常由于伴发乳腺炎，会出现许多嗜中性粒细胞（本病例中未见）；因此，在严重炎症、恶性肿瘤细胞较少的情况下，诊断可能比较困难。在本病例中，采样获得了大量恶性细胞，细胞学诊断为乳腺恶性肿瘤的可信度很高。

推荐阅读

Freeman KP (1993) Cytologic evaluation of the equine mammary gland. Satellite article. *Equine Veterinary Education* 5(4):212–213.

Freeman KP, Slusher SH, Roszel JF *et al.* (1988) Cytologic features of equine mammary secretions: normal and abnormal. *Compendium on Continuing Education for the Practicing Veterinarian* 10(9):1090–1100.

病例 92

1　请描述涂片中的细胞。

背景清晰，含有中等数量的红细胞和少量淋巴小体，主要是中淋巴和大淋巴细胞（标记1）。这些细胞中等到大（细胞核≥RBC 直径的2倍），有适量透明蓝色细胞质，常可见核周光晕，很少形成小的细胞质尾巴。细胞核呈多形性，多为圆形，偶有锯齿状，靠近中心或偏心，具有不规则聚集的细腻染色质。核仁不明显，很少可见。偶见小淋巴细胞（标记2）分散在肿瘤细胞中，在图片中央可见一个成熟的浆细胞（标记3）。常见异常有丝分裂象（标记4）。

2　您的判读是什么？

高分级淋巴瘤。

3　有可能是哪种免疫表型？

总的来说细胞学特征提示高分级 T- 细胞淋巴瘤。须通过免疫分型来确定亚型和判断预后；但可能会通过细胞学特征对细胞系进行分类。细胞呈多形性，存在狭长的细胞质，锯齿至回旋状核，核仁不易辨认，提示 T 细胞表型。流式细胞术（或免疫组化）对此类病例的分析中，通常对 T 细胞标志物（CD3、CD5、CD4，或更少见的 CD8）呈阳性反应，而对 B 细胞标志物无阳性反应。根据最新的 Kiel 分级，该淋巴瘤在组织学上分为多形性大细胞淋巴瘤和外周血 T 细胞淋巴瘤。这种淋巴瘤亚型在临床上具有高度侵袭性，中位存活时间不定，一般不超过 7~8 个月，与 B 细胞型相比，对化疗反应是有限的。高钙血症可能与高级的 T 细胞淋巴瘤有关，更罕见的是，也可能会观察到副肿瘤嗜酸性粒细胞增多症。

推荐阅读

Ponce F, Marchal T, Magnol JP *et al.* (2010) A morphological study of 608 cases of canine malignant lymphoma in France with a focus on comparative similarities between canine and human lymphoma morphology. *Veterinary Pathology* 47:414–433.

Rebhun RB, Kent MS, Borrofka SA *et al.* (2011) CHOP chemotherapy for the treatment of canine multicentric T-cell lymphoma. *Veterinary Comparative Oncology* 9:38–44.

病例 93

1 请描述在显微照片中看到的结果。

抽出物显示在清晰的背景下，可见到单一圆形离散的细胞群，偶尔有红细胞。这些细胞具有中等数量的轻度嗜碱性细胞质；细胞核圆形，位于中心至近中心，带有细腻点状染色质成分。核仁不可见或很难观察，较小，呈圆形。轻度到中度的细胞大小不等和细胞核大小不等。

2 您的判读是什么？这些细胞最可能的起源是什么？

皮肤组织细胞瘤。这种细胞来源于朗格汉氏细胞，是一种具有抗原呈递功能的上皮树突细胞。

3 在这种情况下，您的治疗建议是什么？

皮肤组织细胞瘤是犬常见的良性皮肤肿瘤。组织细胞瘤通常以单发病灶出现，可在发病后 2~3 个月内自行消退。需要监护，如果没有发生自行消退，建议手术切除并进行组织病理学检查。罕见复发。

编者注：在犬皮肤组织细胞瘤的穿刺中，常见不同数量的小淋巴细胞（主要是细胞毒性 T 淋巴细胞），这是正在进行的肿瘤消退的标志。这些细胞可能成为主要的细胞类型，较难与原发性淋巴增生性疾病区分。细胞化学和免疫化学或免疫组织化学技术可用于确定组织细胞的起源，特别是当细胞学和 / 或组织病理学本身不能提供明确的诊断时。皮肤组织细胞瘤中的肿瘤细胞对 E- 钙黏蛋白、CD1a、CD11a/CD11c/CD18、CD44、CD45 和 MHCⅡ呈阳性。肿瘤组织细胞对 CD11b/CD18 和 CD54 的表达是变化的。

推荐阅读

Moore PF (2014) A review of histiocytic diseases of dogs and cats. *Veterinary Pathology* 51:167–184.

病例 94

1　图 94a 中什么细胞数量增加？

浆细胞（标记 1）这些细胞有适量的深染嗜碱性细胞质和偏心的细胞核，核周透明区域是高尔基区，是产生免疫球蛋白的部位。出现大淋巴细胞比例增加的淋巴细胞混合群（标记 2）。

2　这提示什么？

这表明反应性淋巴样增生，特别是浆细胞增生。

3　图 94b 中箭头旁边的细胞是什么？

一个莫特细胞。这是一个包含拉塞尔小体的浆细胞，它是囊泡内免疫球蛋白累积造成的。

4　根据病史和临床症状，您能推测全身淋巴结增大的可能原因吗？

浆细胞增生是由慢性抗原刺激引起的。在本病例中，病因是利什曼原虫感染。这些微生物是在骨髓穿刺物中的巨噬细胞中被鉴定出来的。

编者注：本书中的其他病例对利什曼原虫、淋巴细胞及浆细胞增生、莫特细胞进行了阐述。这个病例是为了强调对导致这种细胞学外观的基本病程和潜在的机制的认识。可能导致这种细胞学外观的慢性免疫刺激的其他鉴别诊断包括：慢性寄生虫、真菌、细菌或原生动物感染。可能存在蜱接触的国家或地区应考虑到蜱媒病。有时，慢性非传染性疾病都可能出现这种症状，包括肿瘤、系统性红斑狼疮，或涉及皮肤和 / 或关节的免疫介导性疾病。因此，在某些情况下，为了确定最可能的潜在原因，可能需要进行大量工作。细胞学评估是这项工作的一部分。

病例95

1 请描述图中的细胞。

有一簇紧密连接的有核细胞，这些细胞表现出不同程度的细胞核大小不等，核质比高，核仁明显。染色质特别粗糙。图片中央细胞的细胞质中圆形、苍白的染色区可能反映水肿性变性。

2 您目前的诊断是什么？

细胞的黏附性质与上皮细胞来源一致，恶性特征明显。考虑到涉及泌尿系统，再加上其细胞学特征，最有可能的是移行上皮癌。

3 还有什么其他检查能提供支持的证据或确定的诊断？

X线检查或超声检查可能有用，该病例膀胱背侧壁增厚。细胞学特征高度提示肿瘤，但确诊可能需要组织学检查。该病例组织学诊断为移行上皮癌。

4 这种诊断预后如何？

移行上皮癌预后较差。它可能是多病灶的，有些位置肉眼可见不明显。有可能发生转移，通常转移到腹部和骨盆局部淋巴结、长骨或髋骨。

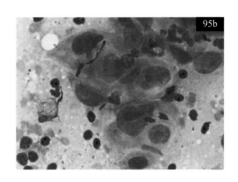

编者注：显微照片（图95b；巴氏染色，100倍油镜）这是另一只患有移行上皮癌的犬，它被放在这里进行对比。涂片中含有少量红细胞和许多与移行上皮细胞起源一致的有核细胞，并表现出明显的异型性细胞学特征。这些细胞表现出中度细胞大小不等，核质比增加。细胞核大，呈椭圆形，染色质聚集明显，一些不均匀的核膜增厚。常见一个或多个清晰的核仁。细胞质含量从不足到中等，并且从颗粒状到细腻空泡化。可见一些双核细胞。细胞核细节在使用苏木精染色时（细胞核使用巴氏染色）比在罗曼诺夫斯基染色时更容易评估。大片脱落的细胞是超声引导下使用导管在肿物位置进行创伤性采样所导致的。单独脱落的细胞往往会在尿液中"围成一圈"，而受创伤脱落的细胞更常表现为连接紧密的细胞群。这种采集方法对获得大量细胞进行细胞学评估是有益的。尿样标本立即固定，每毫升尿样中加入 2 滴 10% 的缓冲福尔马林。这种固定有助于在运输过程中保存细胞。在北美的商业实验室中，巴氏染色并不是常规的，但是在英国和欧洲大陆的几个实验室都有。不同染色剂和固定剂的使用是不同的，这取决于病理学家的偏好、经验，以及接受的训练。

推荐阅读

Borjesson LL, Christopher MM, Ling GV (1999) Detection of canine transitional cell carcinoma using a bladder tumor antigen dipstick test. *Veterinary Clinical Pathology* 28:33–38.

Roszel JF, Freeman KP (1988) Equine endometrial cytology. *Veterinary Clinics of North America (Equine)* 4(2), 247–262.

病例 96

1　请描述显微照片显示的细胞。

显微照片显示在轻度嗜碱性背景中，可见混合性有核细胞群落。嗜中性粒细胞（多数是不完整的）普遍存在，伴有较低比例的淋巴细胞（橙色箭头），成熟的浆细胞（绿色箭头）和一些巨噬细胞（红色箭头）。

2　基于临床病史和这些细胞学发现，您的鉴别诊断是什么？

这些细胞学发现与一种混合的性炎症（主要是嗜中性淋巴结炎）一致。根据临床病史，有可能是幼年蜂窝织炎。

"幼犬腺疫"或幼年性蜂窝织炎，是一种会影响幼犬的结节状和脓疱性皮肤病。它通常发生在 3 周龄到 4 月龄之间，在成年犬中很少见到。面部、耳廓和颌下淋巴结是最常见的受影响的部位。这种情况的原因尚不清楚，但也有一些品种似乎有倾向性，包括金毛巡回猎犬、拉布拉多巡回猎犬和腊肠犬。这种情况对皮质类固醇有很大的反应，提示免疫功能紊乱。此外，还可能观察到混合性淋巴腺炎，与传染性疾病（如真菌、分枝杆菌）和其他不太常见的疾病有关，包括血管炎和含铁血黄素沉着病。

兽医细胞学诊断（犬、猫、马和奶牛）

推荐阅读

White SD, Rosychuck RA, Stewart LK *et al.* (1989) Juvenile cellulitis in dogs: 15 cases. *Journal of the American Veterinary Medical Association* 195:1609–1611.

病例 97

1　这些细胞属于哪种类型？最具有代表性的特征是什么？

在大量蛋白质和嗜酸性背景下，有大量嗜中性粒细胞表现出退行性变化，包括核溶解（箭头所示）；尽管有这些变化，但没有发现细胞内和／或细胞外细菌。

2　您的最终判读是什么？

急性嗜中性粒细胞性前列腺炎－前列腺脓肿。急性前列腺炎通常是化脓性的，可以在任何年龄出现，但在年龄较大的前列腺增生患犬中更常见，去势犬由于前列腺萎缩，并不常见。与良性前列腺增生相关的腺体变化倾向于前列腺感染。在未去势雄性犬中，尿路细菌感染可能会扩散到前列腺，通常是由于正常的尿道需氧菌上行，或从膀胱沿尿道下行。也有可能是由细菌的血源性传播引起的败血性前列腺炎。大肠杆菌是急性前列腺炎中最常被分离出的微生物，其他依次是金黄色葡萄球菌、克雷伯氏菌、奇异变形杆菌、犬支原体、假单胞菌和肠杆菌属。化脓性前列腺炎病灶可能会导致前列腺脓肿，在没有使用抗生素治疗的情况下，可能会看到细胞内和细胞外微生物。

外周嗜中性白细胞增多的炎性白细胞象，有或没有核左移都较为常见，同时也可观察到血液化学成分的频繁变化（如急性期蛋白增加、低白蛋白血症、高球蛋白血症和低血糖）。

3　推荐进一步的什么检查来证实这个假设？

对前列腺液进行显微检查和细菌培养。在这个病例中，这些检查可确认细菌性前列腺炎的诊断。

病例 98

1　请描述细胞学发现，并给出您的细胞学判读。

在整个涂片中观察到一群圆形至梭形的细胞，散在分布或形成小簇。这些细胞有圆形至卵圆形的细胞核，染色质颗粒状，核仁明显、圆形的、单个。细胞质呈淡蓝色，含量差异大，偶尔还会含有细小的黑色颗粒，与黑色素一致。这些细胞表现出中度细胞大小不等和细胞核大小不等，还有一些双核细胞。偶见小淋巴细胞（箭头所示）。

在穿刺的淋巴结中存在一簇非典型的有核细胞，偶尔含有黑色素，这与转移性黑色素瘤是一致的。

对局部淋巴结的 FNAs 进行术前细胞学评估，无论大小，对临床分期都是很有用的，并且是强烈推荐的。一项关于犬口腔恶性黑素瘤的淋巴结大小与转移的关系的研究表明，所有从细胞学或组织学上证实的下颌淋巴结转移犬中，1/3 以上的犬下颌淋巴结大小正常。

推荐阅读

Herring ES, Smith MM, Robertson JL (2002) Lymph node staging of oral and maxillofacial neoplasms in 31 dogs and cats. *Journal of Veterinary Dentistry* 19:122–126.

Kerr ME, Burgess HJ (2013) What is your diagnosis? Gingival mass in a dog. *Veterinary Clinical Pathology* 42:116–117.

Williams LE, Packer RA (2003) Association between lymph node size and metastasis in dogs with oral malignant melanoma: 100 cases (1987–2001). *Journal of the American Veterinary Medical Association* 222:1234–1236.

病例 99

1 请检查细胞核有恶性特征吗？

细胞核大，染色质呈点状，许多细胞有明显的核仁，有些细胞有单个大的、接近中心的核仁。其他的有两个或多个核仁（标记 1）。核质比增加。

2 请检查细胞质有颗粒存在吗？

一些细胞有黑绿色 / 黑色的细胞质内颗粒——这些是黑色素颗粒（标记 2）。

3 您的判读是什么？

黑素细胞瘤。考虑到解剖位置、缺乏黑色素颗粒以及异型性核等特征，肿瘤很可能是恶性的（黑素瘤）。这些肿瘤经常转移到局部和远端位置，所以预后谨慎。

4 下一步您会怎么做？

治疗前需要进行肿瘤分期。不管局部淋巴结大小如何，均应进行触诊和抽吸。之前的一项研究表明，30% 以上的犬经细胞学或组织学检查证实，发生结转移的淋巴结大小是正常的。还应进行胸部影像学检查来排除肺转移的可能性。

推荐阅读

Williams LE, Packer RA (2003) Association between lymph node size and metastasis in dogs with oral malignant melanoma: 100 cases (1987–2001). *Journal of the American Veterinary Medical Association* 222(9):1234–1236.

病例 100

1　请描述涂片的背景。

这里有大量金黄色至褐色颗粒状物质。这是胆色素，可能是细胞内或细胞外的。其颜色可以从金棕色至蓝绿色或紫灰色变化。

2　请识别出现的细胞。

巨噬细胞和退行性嗜中性粒细胞。但是在这病例中，延迟涂片可能会导致嗜中性粒细胞出现核破裂。

3　您目前的诊断是什么？可进一步检查什么来确认这个诊断？

液体总外观和细胞学特征是胆汁性腹膜炎的典型特征。在这种情况下，细胞反应非常多变，但是胆汁的存在通常会导致炎症反应。血清和液体中胆红素浓度的比较可能有助于诊断。液体可能是无菌性或败血性的。在这个病例中没有分离出细菌，外科手术修复胆总管的损伤。患犬顺利康复。

编者注：在瑞氏吉姆萨和巴氏染色的胆汁积液的涂片中，胆汁色素可能从黄棕色至黄色，或蓝绿色或紫灰色变化。在一些涂片中，它可能呈颗粒状紫色外观，而且很难区分，除非有一些绿色至金褐色的物质提示胆汁色素。其数量可能有所不同，这取决于损伤程度、胆汁的渗漏量和病情持续时间。因为它是无细胞的，如果不大量出现，或者与其他色素或沉淀物的来源混淆，比如出血，因此胆汁色素很容易被忽视。正确鉴别和识别其意义，提供有价值的信息，可以通过其他检查来确诊，从而在修复胆道系统的潜在损害之前提供及时的评估。

病例 101

1 这些细胞属于哪种类型？最具有代表性的特征是什么？

样本中的细胞数量多，含有一群多形性大圆形细胞。细胞质含量中等，轻度嗜碱性，内含颗粒。细胞核呈圆形至大脑状，位于中心或偏心，有轻度网状染色质和明显的圆形核仁。细胞有中等程度异型性，有丝分裂象较常见。

2 您的鉴别诊断包括哪些？

这些细胞学的发现支持恶性"圆形细胞"肿瘤。鉴别诊断包括组织细胞或淋巴起源的肿瘤。根据位置，分化较差的无黑色素性黑色素瘤也应该包含在鉴别列表中。

3 您还推荐哪些进一步的检查？

由于仅在常规细胞学检查的基础上无法达到最终的细胞学诊断，推荐进行组织学和免疫组织化学进一步调查这些肿瘤细胞的起源。进行了下列标记物的标记：CD3（全 T- 细胞标记物），CD20/CD79a（B- 细胞标记物），MUM1（浆细胞标记物），CD18（组织细胞和淋巴标记物）和 Melan A（黑素细胞标记物）。Melan A 是阳性的，最后的诊断是低分化黑色素瘤。局部淋巴结抽吸确认下颌淋巴结已发生转移。

推荐阅读

Przeździecki R, Czopowicz M, Sapierzyński R (2015) Accuracy of routine cytology and immunocytochemistry in preoperative diagnosis of oral amelanotic melanomas in dogs. *Veterinary Clinical Pathology* 44:597–604.

病例 102

1 这个 CSF 的细胞学判读是什么？

炎症细胞数量显著增加（脑脊液细胞增多）。这些细胞主要由小淋巴细胞（>60%）和大单核样细胞组成，可能是巨噬细胞。无细菌或其他传染性病原体。

2 可能的鉴别诊断是什么？

单核样脑脊液细胞增多可能与病毒（如犬瘟热、狂犬病）、原虫（如弓形虫、新孢子虫）或真菌感染、不明来源的脑膜炎（MEUO）或肿瘤（如淋巴瘤）以及尿毒症、疫苗反应或椎体炎等不太常见的原因相关。考虑到临床病史和病症并不提示感染，虽然推荐血清学和／或 PCR 检测来排除弓形虫或新孢子虫感染，但很有可能是 MEUO。由于犬正常接种疫苗，犬瘟热或狂犬病都不太可能。

病例 103

1　箭头所表示的结构是什么？

有一团丝状革兰阴性杆菌。

2　请列出两种具有这种形态学特征的微生物。

放线菌属和诺卡氏菌属形态相似。这两种细菌中，放线菌常在猫脓胸病例中发生。

3　在收到培养结果之前，您如何区分这两者？

抗酸染色（Ziehl–Neelsen 或 Kinyoun's Cold Acid-Fast）可以区分这两者；诺卡氏菌属抗酸染色阳性菌，而放线菌为抗酸染色阴性菌。

病例 104

1　最可能的诊断是什么？

根据临床症状、病史、触诊、影像和细胞学检查结果，与移行上皮癌的诊断最为一致。移行上皮癌是犬最常见的膀胱肿瘤。细胞学的关键特征包括：细胞单个或成簇分布，细胞大小和细胞核大小明显不等，一些细胞存在细胞质空泡，细胞质呈不同程度的嗜碱性，核质比不一，内含粉红色的球形细胞质内包涵体（图片中没有显示）。

编者注：在有大量出血和／或炎症、非典型细胞与刺激有关的情况下，移行上皮癌的诊断较为困难，其特征可能与恶性肿瘤相似。细胞的退行性变化可能会使其对恶性肿瘤特征的评估更加复杂。最有用的细胞样本通常可通过超声引导下细针抽吸、温和冲洗、在肿块区域创伤性导管（温和地）获得。

如果想获得非退行性细胞为主的样本，需要采集新鲜样本，而非晨尿。通过放射学和／或超声检查到的肿块中，创伤性导尿有助于获得大量细胞。用等量的冷藏乙醇（40%～50%），或 10% 福尔马林缓冲液（每毫升样品中加入 2 滴）立即固定，在提交到实验室之前进行冷藏，巴氏染色有助于保护细胞形态。如果没有巴氏染色，可以用罗曼诺夫斯基染色，建议在新鲜收集的样本的沉淀物中制备风干涂片。如果标本不能立即处理，尿液样本应进行冷藏，有利于保存细胞形态。

病例 105

1 在涂片中看到的结构是什么？它们叫什么？

抽吸物以大量无核的鳞状上皮细胞为特征（"影细胞"，其特点为中心有一个小而圆的空白区）。涂片中角化的无核鳞状上皮细胞，无典型的中央清晰区域，简称为"鳞屑"。

2 您的主要鉴别诊断是什么？

这些细胞学的发现表明抽吸位点是角质化的病灶。此外，大量影细胞的存在与毛母细胞瘤有关。毛母细胞瘤是一种罕见的良性肿瘤，起源于毛囊生发细胞。影细胞提示是毛囊起源，在肿瘤细胞角化过程中形成。在这个过程中，大量角蛋白在细胞质中积累，导致细胞核退化，从而形成典型的空白区。虽然影细胞最常出现在毛母细胞瘤中，但它们的存在并不具有特异性，因为它们可以在其他皮肤肿瘤中发现，如毛发上皮瘤和毛囊囊肿。恶性毛母细胞瘤很少见于犬。

推荐阅读

Jackson K, Boger L, Goldschmidt M *et al.* (2010) Malignant pilomatricoma in a soft-coated Wheaten Terrier. *Veterinary Clinical Pathology* 39:236–240.

Masserdotti C, Ubbiali FM (2002) Fine needle aspiration cytology of pilomatricoma in three dogs. *Veterinary Clinical Pathology* 31:22–25.

病例 106

1 请描述显微照片中的细胞。

涂片细胞量很大，主要是由成簇的分化良好的肝细胞组成（在显微照片的视野中央），有胆管（肝外胆汁淤积）。在此周围有大量散在的圆形细胞，怀疑为淋巴细胞起源，有中等数量淡染的细胞质，以及圆形、锯齿状或分叶状的细胞核，不规则成簇分布的染色质和小而圆的核仁。

2　您的判读是什么？

圆形细胞瘤，提示肝脏淋巴瘤。在这个病例中，其他起源的圆形细胞瘤（如组织细胞）的可能性很小。外周血中存在明显的高胆红素血症，并且细胞学有胆汁成分，提示胆汁流出受阻。

3　如果需要确定疾病的病程，还要进行哪些进一步检查？

至于疾病的临床分期，推荐全面评估外周和内脏淋巴结和脾脏。考虑进行骨髓检查，特别是存在外周血细胞减少和出现非典型外周血细胞时；这会帮助排除可能的白血病。肝脏淋巴瘤可能是原发性或系统性肿瘤的一部分（多中心淋巴瘤）。完整的临床分期和免疫分型分析是治疗和预后的一部分。

病例 107

显微照片上显示的颗粒样染色沉淀物是由染料氧化和结晶导致的，可能和球菌或支原体类似，但是这些并不规则，连接模糊不清，折射更明显。这就强调为了避免出现沉淀物和污染的细菌，定期更换染液非常重要，不然会妨碍对样本的正确判断。

病例 108

1　图片上的生物是什么？

蠕形螨，这个病原是所谓的"红螨病"。

2　为什么看到多个生长阶段很重要？

看到多个生长期可确定正在感染，并伴有活跃的螨虫生存阶段。蠕形螨的卵有时也在没有症状的犬中被发现。这里看到的多个生存阶段提示有活跃的增殖。成年蠕形螨有 8 条腿，若虫有 6 条腿，虫体被拉长。

病例 109

1　图片中存在哪些细胞？

图片中有很多反应性巨噬细胞和淋巴细胞，偶见嗜中性粒细胞和混杂的细胞。图 109c 中可见到未染色的或轻度染色的杆菌。细胞外可见一些病原微生物。

2 您的判读是什么?

肉芽肿性炎症。之后从手术获取的组织涂片进行抗酸染色,最终诊断为猫分枝杆菌。

编者注:如果猫有肉芽肿性炎症,分枝杆菌是鉴别诊断的一部分。仔细查找涂片上胞内吞噬的微生物,需进一步用抗酸染色对细针抽吸获取的组织进行染色。如果看到的病原比较少,需进行其他检查,如 PCR 检查。

病例 110

1 显微照片中所示的结构是什么?

照片中的结构是透明管型。

2 怎样让图片上的物质清晰一些?

透明管型非常透明,并且容易溶解,在新鲜尿液中,比储存的更容易发现。为了提高清晰度,推荐将聚光器调低,光调低,先在低倍镜下扫查(10倍或 20 倍油镜)。也可以将一滴尿沉渣和一滴生理盐水稀释,并用 0.5% 新亚甲蓝染液混合染色。

3 请解释一下病例中这些结构形成的原因。

管型是由胶状 Tamm–Horsfall 黏蛋白组成。它们不稳定,在稀释尿和碱性尿中容易变性。管型都是肾脏起源。管型形成后通常会占据集合管末端。在这个病例中,由于脱水使得灌注变差,随着之后的利尿,可能会造成管型尿。

编者注:透明管型的形成大多和蛋白尿有关。在这样的病例中,有理论称管腔中存在过量的血浆蛋白,可促进 Tamm–Horsfall 黏蛋白的形成。

推荐阅读

Mundt LA, Shanahan K (2010) *Graff's Textbook of Urinalysis and Body Fluids.* Lippincott Williams & Wilkins, Philadelphia.

病例 111

1 请鉴别涂片中存在的细胞种类,并描述视野中的其他特点。

存在很多有空泡的巨噬细胞和嗜中性粒细胞。这在后面一张高倍镜视野中很容易看到。注意圆形到卵圆形的结构，有蓝色／粉色中央区域，清晰的厚光晕，体积较大。

2　对存在的炎症类型进行分类。这些对寻找视野中结构的起源有帮助吗？

有混合型炎症反应（巨噬细胞和嗜中性粒细胞）的证据，可能和真菌感染有关。有时炎性肉芽肿也与异物反应、锐物刺伤或蜱虫、昆虫、蜘蛛叮咬有关。涂片中存在的结构怀疑真菌类中的隐球菌感染。区分隐球菌亚种可能需要其他检测。

3　您目前的诊断是什么？要怎样确认？

诊断为存在混合型炎症，伴有大小不等的病原微生物感染，有清晰光晕的病原，考虑真菌感染。对病变组织进行培养，有大量新型隐球菌生长。隐球菌可以引起皮下肿胀，但是经常会引发呼吸道或神经系统疾病。和感染相关的细胞学反应是不定的，在这个病例中病原的数量看起来比炎性细胞的数量多。使用氟康唑治疗猫隐球菌有一定效果，但是这个猫的主人要求对患猫进行安乐死。

病例 112

1　在显微照片中您能鉴别出哪些细胞或物质？

有一些分散的嗜中性粒细胞，一些细胞在聚焦的平面之外。有两个大的、橙粉色的细胞，中央有小的椭圆形核的鳞状上皮，来源于口咽。这个染成橙粉色的上皮细胞用巴氏染色提示存在角蛋白及其前体。一些小的杆菌成簇分布在中央偏左上方。

2　显微照片中的其他视野没有任何巨噬细胞、柱状上皮细胞和立方上皮细胞。这张图片所示的是整个玻片中有代表性的视野。您的结论是什么？

没有支气管段有代表性的细胞（巨噬细胞和柱状上皮或立方上皮），样本提示口咽污染。嗜中性粒细胞提示口腔炎症。因此，这个样本用于评估肺部是不理想的，因为没有肺部细胞。一些巨噬细胞核从大（柱形上皮）、小（立方上皮和／或巨噬细胞）气道获得的上皮细胞可代表肺部的理想样本。

如果马较易怒，或采样前未进行清洗、内窥镜进入的通道比较困难或延长，样本可能包含口腔中的物质。细胞学家认为这类物质的出现有助于确定是否发生类似的事件。如果出现代表肺部的细胞，并且也能看到口咽部物质，可能是口咽污染或口咽中的异常物质进入气管，考虑喉部或咽部异常。少量口咽物质在背景中提示污染，尚在可接受范围内。有经验的操作者很少会送检有口咽污染的样本。当有口腔中的物质时，笔者总是提醒他们注意可能是喉部或咽部功能异常，可作为鉴别诊断。让动物在跑步机上运动来动态评估动物喉部和咽部的功能，用来诊断是否由于喉部和咽部功能异常导致口咽部物质流入气管或支气管。

病例 113

1　请鉴定涂片中细胞群，并描述最显著的特征。

样本细胞量较大，含有大小均一、成簇分布的蜂窝状上皮细胞，背景中有出血。偶尔可见腺泡样排列，细胞质边界不清。细胞表现相对均一，核质比较低，并且有适量细胞质。胞质有少量颗粒，有时有空泡。细胞核圆形至椭圆形，大多位于细胞中央，偶尔偏于一侧，细胞大小轻度不等，染色质均一，核仁不明显。偶见核质比升高的立方形细胞。这类立方细胞通常在这群细胞的边缘出现，该处细胞的胞核位于基底部，胞质位于另一侧。而蜂窝状或镶嵌样外观的上皮细胞很容易在样本的中央区域被发现。这可以将简单的柱状上皮和前列腺来源的立方上皮区分开来，前列腺立方上皮细胞来源于复层上皮组织，以移行上皮为代表，这种细胞的胞核更靠近中间，细胞形态更多样。

2　您最终的诊断是什么？

良性前列腺增生（BPH）。BPH是犬较常见的前列腺疾病，主要由未去势的公犬雄激素刺激。可能没有临床症状，但可能会出现里急后重、持续或间歇性血尿，可能会观察到排尿困难。

3　从前列腺获取细胞学样本的方法有哪些？

最容易从前列腺获取细胞的方式是B超引导下细针抽吸。有时，有代表性的前列腺样本可直接通过按摩前列腺或通过尿道直接获取，但是大多数获得的物质反映尿道和移行上皮来源。用少量生理盐水进行近前列腺处的尿道冲洗，使用导尿管柔和地注射和抽吸，轻轻按摩前列腺以帮助获得较多细胞样本。

病例 114

1　请描述涂片中的细胞。

背景清晰有少量红细胞和细胞碎片。主要细胞组成是小淋巴细胞；细胞被拉长，有少量的淡蓝嗜碱性胞质，细胞核通常被拉到一边。有一些有特点的线状延长，类似于手柄（手持镜样细胞）。细胞核呈圆形，轻微有角或延长，较小，偏于一侧，染色质致密，核仁不明显。

2　您的判读是什么？

从增大的淋巴结中采集到形态均一的小淋巴细胞，首先支持小淋巴细胞性淋巴瘤的诊断。其次，一些细胞特征（如手持镜样细胞）提示低分级 T 细胞性淋巴瘤（小细胞性 /T 细胞淋巴瘤）。全身淋巴结肿大也进一步支持淋巴瘤的诊断，一些小细胞性 /T-zone 淋巴瘤病例中通常会出现，肿瘤细胞进入外周血提示可能进入骨髓（Ⅴ期淋巴瘤）。副皮质增生也是另外一种鉴别诊断。当怀疑小淋巴细胞时，需要在治疗前进一步确诊。

3　如果想做进一步确诊，您推荐进行什么检查？

在这个病例中，强烈推荐用流式细胞仪进行免疫分型，来帮助确认和进一步描述疾病。小细胞性 /T 细胞淋巴瘤中，肿瘤细胞通常显示特征性异常免疫分型，缺少 CD45（泛白细胞标记物）和异常 CD21 表达（B- 淋巴细胞表达），有典型的 T 细胞标记物（CD5，CD3，通常 $CD4^+$ 和 / 或 $CD8^+$）表达。用细胞学涂片进行 PARR 检测来确定单克隆增殖，帮助诊断淋巴瘤并且确定 T 细胞来源。组织病理学也能帮助进行鉴别诊断。在这个病例中有明显的皮质区扩大，并且没有淋巴结的正常结构。这种类型的淋巴瘤通常病程进展较慢，并且生物学表现不活跃。很多研究的中位生存期不一致，大多数报道是几个月到几年。

推荐阅读

Martini V, Marconato L, Poggi A *et al.* (2015) Canine small clear cell/T-zone lymphoma: clinical presentation and outcome in a retrospective case series. *Veterinary Comparative Oncology* 14(Suppl 1):117–126.

Martini V, Poggi A, Riondato F *et al.* (2015) Flow-cytometric detection of phenotypic aberrancies in canine small clear cell lymphoma. *Veterinary Comparative Oncology* 13:281–287.

Seelig DM, Avery P, Webb T *et al.* (2014) Canine T-zone lymphoma: unique immunophenotypic features, outcome, and population characteristics. *Journal of Internal Medicine* 28:878–888.

病例 115

1 您如何描述灌洗结果？图 115a 盘曲样的结构是什么？

混合型炎症（肺炎）有慢性（溶解性）活跃性出血。可以确定活跃性出血是由于存在血小板（反应性）和铁质（慢性）（其他视野可以看到）。盘曲的结构是第一阶段幼虫，长度小于 200 μm。

2 高倍镜下这些幼虫有扭曲的尾巴（图 115b），对于犬最常见的鉴别诊断是什么？如果猫的灌洗液出现同样的结果，主要鉴别诊断是什么？

犬的类丝虫属（*Oslerus osleri* 和 *Filaroides hirthi*）、血管圆线虫或狐环体线虫；猫肺线虫。

3 类丝虫属是否需要中间宿主？如果需要，请说出动物的种类，如果没有，请解释原因。

不需要中间宿主，因为类线虫属直接感染第一阶段幼虫，在犬的肺组织内完成 5 期生活史，感染通过摄入反流的胃内容物、肺组织或被感染犬的粪便。因此，自体感染会加重动物体内的蠕虫感染。

4 怎么确诊？

粪便样本，用饱和硫酸锌漂浮或贝尔曼技术来鉴定幼虫。也可以用 ELISA 抗原检测技术来检测血管圆线虫。

编者注：犬线虫在许多国家都有报道，包括美国、英国、南非、新西兰、法国和澳大利亚。长度为 5～15 mm。用内窥镜采集呼吸道细胞学样本并评估呼吸道，气管远端或主支气管分叉处的结节通常与发生在肺实质的 *O. osleri* 和 *F. hirthi* 有关。雌虫可能会通过唾液转移幼虫给幼犬，经消化后幼虫从血液转移至肺部。

血管圆线虫是英国相对常见的肺线虫。蜗牛是中间宿主，可能表现凝血异常，通常会有出血并进入肺部。报道显示这在赛级灰猎犬中较常见，但在不同种类的工作犬和宠物犬中也可见。

细胞学检查是诊断 *F. hirthi* 最好的方法，但是低度感染可能不会产生足够的幼虫，很难检测出。饱和硫酸锌漂浮或贝尔曼技术可起到富集幼虫的效果。

推荐阅读

Ettinger SJ, Feldman EC (2010) *Textbook of Veterinary Internal Medicine*, 7th edn. WB Saunders, Philadelphia.

Fisher M (2001) Endoparasites in the dog and cat. *In Practice* 23(8):462–471.

Wright D, Bauman D (1999) *Georgis' Parasitology for Veterinarians*, 7th edn. WB Saunders, Philadelphia, pp. 187–191.

病例 116

1　显微照片中央偏右的结构是什么？

一种淀粉样物质。这是一个非细胞结构，可能会与细胞相混淆，因为有致密深染的中央区域，可能会被误认为是细胞核。外周的同心层染色稍疏松，可能会被误认为是细胞质。这样的物质被认为是由糖蛋白组成的，没有钙化。在慢性肺泡水肿和 / 或由心功能不全、肺梗死和慢性支气管炎引起的梗阻患者的呼吸道细胞学样本中，可见到这些物质。在犬、猫和马中出现这些相似疾病时，也可能见到这些物质。

2　在这个呼吸道细胞学样本中，它的意义是什么？

由于这些淀粉样物质支持慢性梗阻的病史，因此其意义重大。在气管灌洗液涂片的其他区域，也可以看到浓稠的黏液和许多嗜中性粒细胞嵌入其中，为气道机械阻塞提供了其他细胞学支持。

病例 117

1　请描述三张显微照片中的细胞。

有大量红细胞和嗜中性粒细胞，有核细胞具有恶性特征。后者偶尔出现，并且成簇分布，有些具有乳突状结构。这些细胞呈卵圆形，核位于中央稍偏于一侧，染色质粗糙，核仁明显。胞质明显，嗜碱性增强，有均一微小的空泡。

2 对于这些发现，您的判读结果是什么？

细胞学特点符合上皮类肿瘤，可能是肺腺癌。不能完全排除转移性肿瘤从间质组织转移到气道内的可能性，但是从细胞量来看，原发性肿瘤的可能性较大。

3 对于这种情况，您的意见是什么？

肺腺癌通常会通过血管，淋巴管或气道转移到其他位置。通常累及支气管淋巴结。

病例 118

请鉴定显微照片中的外源性物质和可能的异物（图 118；瑞氏吉姆萨染色，20 倍）。

显微照片显示品红色颗粒状凝胶沉淀，可能是超声耦合剂，可能会掩盖细胞成分。当不用耦合剂作为超声引导介质下进行细胞采样时，需要用酒精作为超声引导介质。

病例 119

1 请描述在图 119a 中的细胞学发现。

脱落细胞量大，背景中可见大量淋巴小体和少量裸核。主要的细胞是多形性的中、大淋巴细胞。经常可见到少量深染的胞质和清晰的核周光晕。细胞核较大（直径>2 倍红细胞），圆形，染色质疏松。经常可看到一个到多个明显的圆形核仁。在图片中央可以看到 3 个有丝分裂象，有一些混乱的细胞，可能是细胞破碎形成的。

2 您的判读是什么？

高分化淋巴瘤。

3 图 119b 中所示的细胞是什么？可能的免疫分型是什么？

核仁明显的大淋巴细胞，可能是肿瘤成核细胞和免疫母细胞（标记 1）中等大小的淋巴细胞，有单个中央突出的核仁，可能是边缘区域中等大小的巨核细胞（标记 2）肿瘤中心母细胞和中等大小的巨核细胞的混合，有丝分裂活性高，这些都是高分级 B 细胞淋巴瘤的特征（多中心型）。从病理学角度和弥散性大 B 细胞性淋巴瘤亚型相符合，是最常见的犬淋巴瘤亚型。通过流式细胞学技术进行免疫分型，免疫细胞化学染色或免疫组化结果显示 B 细胞标记物（CD21、CD79a、CD20 和表面免疫球蛋白）呈阳性。

推荐阅读

Fournel-Fleury C, Magnol JP, Bricaire P *et al.* (1997) Cytohistological and immunological classification of canine malignant lymphomas: comparison with human non-Hodgkin's lymphomas. *Journal of Comparative Pathology* 117:35–59.

Ponce F, Marchal T, Magnol JP *et al.* (2010) A morphological study of 608 cases of canine malignant lymphoma in France with a focus on comparative similarities between canine and human lymphoma morphology. *Veterinary Pathology* 47:414–433.

病例 120

1 显微照片中的细胞属于哪种类型？

从疏松到致密的不规则细胞簇，细胞纺锤样，边界不清，这些特点大多考虑间质细胞起源。

2 这些细胞是否有恶性特征？您的细胞学判读是什么？

细胞表现出中度恶性特征，包括中度细胞大小不等和细胞核大小不等，细胞核多形性明显，多核仁，细胞学诊断为软组织肉瘤。根据细胞学特点和肿瘤的位置，最可能为外周神经鞘瘤，但是细胞学不能区分软组织肉瘤的不同类型。组织病理学确诊为一级外周神经鞘瘤。

3 这类肿物最可能的生物学表现是什么？

这种类型的肿瘤通常有局部侵袭性，但很少见转移。不幸的是这个病例未进行大范围外科切除，增加了局部复发的概率。肿瘤最终复发需要第二次更广泛的切除。

病例 121

1 请识别图 121a 中标记 1、2、3 的细胞。请提供一个全面的判读，并且在您的判读基础上解释这些细胞的意义。

肥大细胞会导致嗜酸性粒细胞增加和纤维细胞增多。单个细胞的意义如下：标记 1 为嗜酸性粒细胞：肥大细胞释放嗜酸性粒细胞趋化因子，IL3、IL5 和 GM-CSF，会吸引嗜酸性粒细胞。在 MCTs 中嗜酸性粒细胞的明确作用尚不清楚。标记 2 为纤维细胞 / 成纤维细胞：这些细胞经常在 MCTs 中发现，因为肥大细胞会释放趋化因子吸引纤维细胞到达肿瘤位置。病理学切片中观察到纤维细胞成分存在于肿瘤细胞周围的结缔组织中。标记 3 为肥大细胞。

肥大细胞颗粒包含许多具有生物活性的化学介质，其中最重要的两种是组胺和肝素，后者使颗粒呈现紫红色（异染性）。组胺和肝素存在风险，组胺可导致严重的术中低血压，在一些 MCTs 中肝素与凝血障碍 / 出血有关。

2 相比图 121b，图 121a 所示肿瘤的预后如何？

MCT 的生物学活性上存在差异，但所有肿瘤应该至少要认为是潜在恶性肿瘤。它们可以用 Patnaik（1984）所制定的系统进行组织病理学分级，该分级系统基于细胞核的形态和表皮 / 真皮及皮下组织的位置。该系统和临床结果有关，Ⅰ 级通常预后良好，Ⅲ 级预后不良。在这个生物学表现系统中，Ⅱ 级很难评估预后。图 121a 在病理学上被诊断为 Ⅰ 级，图 121b 被诊断为 Ⅲ 级。注意 Ⅲ 级肿瘤的颗粒，很少有异型性肿瘤细胞。为了提高病理学和精确预后的相关性，最近由 Kiupel 发表 2 级分级系统。根据这个特别的分级系统，高分级的 MCTs 的转移时间、新肿瘤复发时间、生存期明显缩短。高分级 MCTs 的存活期低于 4 个月，低分级 MCTs 的存活期大于 2 年。

3 对于已经确诊的肥大细胞瘤，为什么评估附近的淋巴结很重要？

局部淋巴结是最常见的转移部位。

编者注：图 121b 说明，在分化差、颗粒少的情况下，这种特征可能有助于怀疑分化不良的 MCT。注意多个小的细胞质空泡，其中一些空泡延伸到细胞核。假设这些颗粒之前存在于这些空泡中。根据空泡体积较小和延展到细胞核的特点，可以与内分泌性腺癌区分开来。用黏蛋白胭脂红或 PAS 染色不会将黏液着染。

推荐阅读

Gross TL, Ihrke PJ, Walder J (1992) (eds) *Veterinary Dermatohistopathology: A Macroscopic and Microscopic Evaluation of Canine and Feline Skin Disease.* Mosby, St. Louis, pp. 470–473.

兽医细胞学诊断（犬、猫、马和奶牛）

Kiupel M, Webster JD, Bailey KL *et al*. (2011) Proposal of a 2-tier histologic grading system for canine cutaneous mast cell tumors to more accurately predict biological behavior. *Veterinary Pathology* 48(1):147–155.

Yager JA, Wilcock JP (1994) *Tumors of the skin and associated tissues. In: Color Atlas and Text of Surgical Pathology of the Dog and Cat: Dermatopathology and Skin Tumors*. (eds. JA Yager, JP Wilcock). Mosby, London, pp. 278–279.

病例 122

1 图片中可见什么细胞？整体判读是什么？

表面上皮细胞。此处该术语用于描述细胞，包括脑膜细胞、脉络膜细胞、室管膜细胞和内皮细胞，可能在脑脊液样本中发现，但用细胞学很难进行区分。这些细胞通常可形成小簇，它们的形态可能是立方形到柱形或卵圆形，胞质中常见嗜碱性细颗粒。这个病例中 CSF 的特征不明显，无明显细胞异常和蛋白质增多。

2 它们在脑脊液样本中的意义是什么？

表面上皮细胞是脑脊液中的偶然发现，无临床意义。之前的研究没有发现任何与年龄、疾病类型、有核细胞计数、蛋白质浓度有关的证据。该病例所有诊断结果（包括神经学影像检查）均不显著，并怀疑特发性癫痫。

推荐阅读

Wessmann A, Volk HA, Chandler K *et al*. (2010) Significance of surface epithelial cells in canine cerebrospinal fluid and relationship to central nervous system disease. *Veterinary Clinical Pathology* 39:358–364.

病例 123

1 您的判读结果是什么？

根据肿物的位置判断舌部也存在类似的病变，细胞学检查提示无痛性溃疡。这种病变是嗜酸性肉芽肿综合征（EGC）的一部分。该综合征的其他病变包括嗜酸性肉芽肿或线状肉芽肿和嗜酸性斑，均为猫的皮肤和黏膜病变。这可能和过敏原有关，应该检查环境中可能的过敏原（如跳蚤咬伤敏感，食物过敏和 / 或特异性反应）。

编者注：细胞学检查提示混合型炎症，包括嗜酸性粒细胞，对嗜酸性斑块/肉芽肿综合征的诊断不具有特异性，但是结合肿物的临床表现，支持这一诊断。这种炎症的鉴别诊断包括对异物和昆虫或蜘蛛咬伤的反应、其他类型的咬伤、真菌感染或苍蝇刺激。推荐 FNA 取样而不是在表面压片，因为这类炎症可能出现皮肤和/或肿瘤表面的溃疡，压片可能不会提供深部组织的细胞类型。

病例 124

1　请描述所见细胞。

所见细胞主要是多形性大圆形细胞，通常有双核或多核，胞质丰富，嗜碱性，有时表现为特征性胞质空泡（标记 1）。单一或多个细胞核，圆形，位于中央或偏于一侧，染色质浓缩不良，偶见明显的圆形核仁。可以注意到一些明显的恶性特征，包括中度细胞大小不等，细胞核大小不等和多核。也可以看见残存的小淋巴细胞（标记 2）。

2　您的判读是什么？

转移性"圆形细胞"肿瘤。淋巴组织大部分被肿瘤组织占据，只看到少量残存的淋巴细胞。鉴别诊断包括急性髓系白血病（可能为巨核细胞系，AML-M7）、弥散性组织细胞肉瘤及未分化的淋巴瘤。同时存在一些典型的细胞学特征，包括圆形的细胞核和细胞质空泡化，支持急性巨核细胞系白血病。

对细胞进行免疫化学染色，支持血小板抗原因子Ⅷ、CD41 和 CD61 呈阳性，确认巨核细胞来源。在外周血和骨髓中也发现了类似的肿瘤细胞，以及几个大的类似于血小板的细胞质碎片。通常伴有贫血和血小板减少。和其他急性髓系白血病亚型类似，预后很差，对化疗反应很差。

推荐阅读

Comazzi S, Gelain ME, Bonfanti U *et al.* (2010) Acute megakaryoblastic leukemia in dogs: a report of three cases and review of the literature. *Journal of the American Animal Hospital Association* 46:327–335.

病例 125

1　请描述所见的细胞，这些细胞最可能起源的组织是什么？

常见圆形细胞，细胞核均匀圆形，胞质丰富，粉色到紫色，细胞大小不同，离散分布，空泡清晰。这些细胞以褐色脂肪为特征，细胞学上通常被误认为上皮样巨噬细胞或腺上皮细胞。

2　这是肿瘤还是炎症？

肿瘤。进行组织学检查，有很多空泡的圆形到多形性细胞，被血管纤维结缔组织包裹形成一小簇细胞，被诊断为蛰伏脂肪瘤（hibernoma）（图125b；H&E 染色，60 倍油镜）。确诊褐色脂肪来源需要用 UPC1（解偶联蛋白1）、Myogenin、Myo D 和 Myf5 免疫组织化学染色。

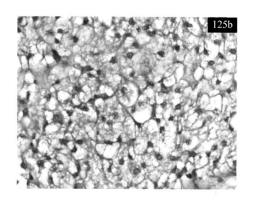

推荐阅读

Ravi M, Schobert CS, Kiupel M *et al.* (2014) Clinical, morphologic, and immunohisto-chemical features of canine orbital hibernoma. *Veterinary Pathology* 51:563–568.

病例 126

1　您的判读是什么？

照片上的细胞是分化良好的脂肪细胞，这些细胞较大，成簇分布，有时单独分布，因为瑞氏吉姆萨染色对脂滴着色不良，所以胞质清晰，不着色。细胞核较小，圆形或卵圆形，通常被挤压，并且位于细胞一侧。这些发现支持脂肪瘤的诊断，犬较常发生，猫较少。可进行手术，有时不需要。如果有相关疼痛，或影响了相关组织的功能，或者有外伤，推荐手术切除。较少出现浸润性脂肪瘤和恶性脂肪瘤。

编者注：有时会抽吸到局部脂肪，不能很好地和脂肪瘤中的脂肪细胞相区分，如果对离散肿块的存在有任何疑问，建议外科切除进行组织学评估。

同样需要记住的是，宏观上观察到有脂肪组织存在，不足以支持脂肪瘤的诊断，需要在显微镜下确认脂肪细胞的存在。也有其他病变，可能包含脂肪组织，因为它们在位置上和皮肤脂肪组织很近。

病例 127

1 图中所示的结构是什么？

一个纤毛原生生物，注意每个管道和食道处的纤毛，以及可见的内部结构。

2 这个发现的意义是什么？

可能是粪便污染的结果。

3 基于这个发现，您的建议是什么？

这个生物的发现可能是穿刺位置准备不足或有粪便、污水污染所致。穿刺到胃肠道的可能性很小，因为背景中没有见到大量细菌（如果穿刺到胃肠道经常会看到），应考虑再次穿刺，注意卫生、穿刺部位的准备和样本的处置，防止污染。

病例 128

1 请识别显微照片中标记 1、2、3、4 所指的物质。

这四种物质是在尿液沉渣中常见的物质：（标记 1）红细胞；（标记 2）白细胞；（标记 3）细菌，大多数是杆菌、链球菌和（标记 4）鸟粪石结晶。对于犬来说，鸟粪石结晶通常和感染相关。注意每微升尿液中至少需要有 10^4 杆菌或 10^5 球菌才能在光学显微镜下检测到。

2 您的判读是什么？

沉渣提示和尿路感染有关。

3 对于试纸条显示存在亚硝酸盐和 pH 碱性，合理的解释是什么？

通过培养可见两种细菌（变形杆菌和肠球菌）。变形杆菌可以减少硝酸盐到亚硝酸盐的转化，并且产生脲酶。这些酶分解尿素成氨和二氧化碳。两者都会造成碱性 pH，这样的碱性环境有利于鸟粪石结晶的形成。

病例 129

1　请识别显微照片 129a 中所示的细胞类型。

细胞脱落量大，有明显的退行性嗜中性粒细胞，少量小淋巴细胞、单核细胞和固缩的细胞核。中等数量的粉色无定形物质存在于血液稀少的背景中。同样，嗜中性粒细胞中可见粉色无定形和圆形到椭圆形的包涵体。

2　您如何对这个关节疾病进行分类？

炎性关节疾病。

3　对图 129b 中标记 1 和 2 的细胞命名，解释它们的意义。

标记 1 的细胞称为红斑狼疮（LE）细胞，是嗜中性粒细胞的胞质内结构，通过抗核抗体的调理作用生成。存在 LE 细胞高度提示系统性红斑狼疮（SLE）。标记 2 是类风湿细胞（嗜中性粒细胞包含颗粒物质），类风湿细胞被认为代表嗜中性粒细胞吞噬免疫复合物或细胞核残存物，通常和免疫介导性关节病有关。

4　您的主要鉴别诊断是什么？

非侵蚀性炎性关节病包括感染性和免疫介导性，该病例可能是免疫介导性关节炎，是 SLE 的一部分。

SLE 是一种多系统性自体免疫性疾病，特点是会形成抗体广泛攻击自身抗原和循环中的免疫复合物（Ⅳ型超敏反应）。这些物质在肾小球基底膜、滑膜、血管和皮肤中形成沉淀，侵袭的器官不同，其临床症状也不尽相同。

病例 130

1　涂片背景中洋红色的物质是什么？

这些是超声耦合剂，在细胞学上是背景中有洋红色颗粒样物质；弥散分布，或聚集在一个位置，这通常是一种人工伪像，因为耦合剂会掩盖细胞细节，妨碍诊断。可能与细胞溶解或者坏死的背景相混淆。

推荐阅读

Molyneux AJ, Coghill SB (1994) Cell lysis due to ultrasound gel in fine needle aspirates; an important new artefact in cytology. *Cytopathology* 5:41-45.

病例 131

1　该体腔液的类型是什么？

根据 TP 和 NCC 的数值提示该体腔液为渗出液。

2　涂片中出现的是什么细胞？

出现的细胞是嗜中性粒细胞（一些不成熟）和巨噬细胞。虽然样本处理及时，但染色效果差，根据体格检查提示腹部疾病，如肠扭转。但未见提示肠道破裂的微生物和植物成分。

3　您的判读是什么？

腹膜炎 / 疑肠扭转，但剖腹手术发现肠扭转。

病例 132

1　请描述涂片中的细胞。

背景清晰，可见少量红细胞和成簇黏附的基底样上皮细胞。细胞核小而圆，相对均匀，染色质呈颗粒状，核仁不明显。细胞质少，嗜碱性，细胞质边界不清。某些区域可见细胞核沿着边缘呈栅栏样排列（核呈线状排列）。

2　您的判读结果是什么？

细胞学特征提示皮肤基底上皮瘤（以前称为基底细胞瘤或毛母细胞瘤）。这一通用术语常用于细胞学中，通常为良性皮肤肿瘤，常见于家畜，起源于表皮、毛囊上皮或附属器官。这些肿瘤的亚型不能通过细胞学区分，建议通过组织病理学进一步分类。

3　您认为预后如何？

这些肿瘤多为局部浸润性，但不常发生转移。因此，如果完全切除，预后良好。偶尔会有这种形态的肿瘤表现出更具有侵袭性的生物学行为。

病例 133

1　根据图 133a 中的细胞，最可能的细胞学诊断是什么？

根据细胞呈圆形、卵圆形至纺锤形，以及细胞边界不清的特点，最有可能的细胞学诊断是软组织肉瘤。背景中嗜中性粒细胞轻度升高，偶见泡沫状巨噬细胞吞噬细胞碎片，因此有可能是继发于炎症的纤维增生。由图可知，细胞增生明显，且间质细胞异型性大，因此考虑与肿瘤关系更大。

2　图 133b 中四个巨大的细胞是什么？该如何解释？

图 133b 中四个巨大的细胞是多核巨细胞，在图 133a 右上角同样可以看到，可能出现在肉瘤中，也可能出现在炎性反应时，特别是对异物和传染性病原如分枝杆菌的反应性炎症。

3　对于该肿物，病因可能是什么？

猫身上的这种病灶可能与慢性炎症或创伤有关，但猫的注射部位肉瘤也要考虑在内。这类肿瘤最初被称为疫苗相关肉瘤，但后来发现其他注射物也能够促使该肿瘤发生，其发病机制尚不清楚。注射部位肉瘤主要发生在注射后 4 个月到 3 年内，呈局部浸润性生长，尤其是沿着筋膜层。虽然其他类肿瘤也有报道，但注射部位肉瘤大部分为纤维肉瘤。组织学上，该肿瘤与其他肉瘤相比，有明显的炎症细胞，如本病例中细胞学涂片所示。转移较为常见，与本病例中的图片较为一致。英国该肿瘤的发病率明显比北美低，可能与不同的疫苗佐剂有关。遗传因素可能也是发病的一个重要原因。

病例 134

1　涂片在镜下呈模糊的蓝绿色，是什么原因导致的？该如何避免？

送检的玻片有部分红细胞，同时含有一些有核细胞，疑含有少量线性或丝状微生物，但辨别起来非常困难，或者无法辨别，因为细胞涂片的质量较差。这种非常蓝的、失去细胞细节的染色结果是由于细胞学玻片与含有福尔马林蒸汽的组织一起邮寄导致的。福尔马林用于组织修块前固定组织病理学样本，这种蒸汽会融合细胞的细胞膜，在染色时阻止染液进入细胞，影响了染色质量，因此丧失了细胞轮廓。需保证在运输或制作细胞学涂片过程中，不要暴露在福尔马林蒸汽环境下。

编者注：细胞学涂片应该与组织病理学样本区别开，以避免此种情况。

病例 135

1 请描述图片中的细胞形态。

图片背景中可见大量红细胞。含中等量至大量有核细胞，其中含有中等量嗜中性粒细胞和少量巨噬细胞，同时可见细胞散在或成簇分布，细胞有异型性。细胞核呈圆形至卵圆形，核染色质聚集、致密，核仁明显，细胞质含量适中，边界不清晰，偶见胞质尾区。散在分布的细胞呈现明显的鳞状上皮特征：细胞有棱角、细胞边界清楚。

2 您的判读是什么？

细胞形态符合上皮源性肿物的特征，疑胃鳞状上皮癌。

3 这种疾病的预后如何？

胃鳞状上皮癌预后较差。肿瘤细胞在腹腔积液中出现，提示胃壁或含有肿瘤细胞的淋巴管可能出现破裂，通过这种途径进入腹腔。

病例 136

1 请描述图中的细胞形态。

图片中以纺锤形细胞为主，少量呈簇分布，同时含有无定形嗜酸性物质（基质）。细胞呈长梭形，胞质含量适中，呈轻度嗜碱性，细胞边界不清。细胞核呈卵圆形，含有颗粒状染色质，核仁呈圆形，轮廓不清晰。细胞及细胞核中度大小不等。可见来自血液的嗜中性粒细胞。

2 根据细胞学观察，您的鉴别诊断是什么？

细胞学发现与间质细胞增生相符。鉴别诊断主要包括反应性纤维增生或间质类肿瘤，其中优先考虑纤维瘤、分化良好的纤维肉瘤或肉样瘤，通过细胞学不能进一步区分上述肿瘤，组织病理学确诊为肉样瘤。肉样瘤典型特征为梭形细胞垂直于上皮基底膜排列。

肉样瘤是马最常见的间质类肿瘤，表现为单一（偶见多发）的皮肤病灶，好发位置包括头部、颈部、四肢以及腹部。牛乳头状瘤病毒1型和2型与马肉样瘤的发生和发展有因果关系，但单独的病毒感染不足以引起肿瘤。

可能还有一定的品种倾向性（如夸特马、阿拉伯马以及阿帕卢萨马）。

病例 137

1 图中所示的是什么？

库什曼螺旋体，具有致密、居中、扭曲的核心，外覆疏松黏液。

2 这种结构在呼吸道细胞学检查中意味着什么？

库什曼螺旋体是黏膜疾病的反映。黏液线的一端固定于呼吸道，另一端游离，黏液扭曲呈核心，并随着时间继续积聚，形成外包膜。库什曼螺旋体并无特异性，但在黏液静滞的情况下可能出现。它们会造成气道狭窄以及功能性梗阻。

病例 138

1 这些细胞属于哪种类型，最具有代表性的特征是什么？

细胞脱落量大，主要是裸核细胞，分布在轻度嗜碱性、含有颗粒的背景中。这些裸核细胞偶尔呈小簇分布，形成聚集伪象，或呈网状 / 线状排列。完整的细胞呈圆形或卵圆形，核质比高，胞质中有少量至中等量的嗜碱性颗粒，细胞核呈圆形至卵圆形，染色质网状、粗糙或点状，细胞核模糊。细胞异型性较小。

2 您的细胞学判读结果是什么？

根据这些细胞特征，最先怀疑神经内分泌肿瘤，如嗜铬细胞瘤，具体看肿瘤的位置。鉴别诊断可能包括肾上腺皮质肿瘤，或其他恶性神经内分泌肿瘤的肾上腺转移。前者不做首要考虑，因为肾上腺皮质肿瘤细胞通常核质比较低，并且具有大量嗜碱性、空泡化细胞质。其他神经内分泌肿瘤的肾上腺转移同样较少发生。

3 为进一步确诊需要补充哪些检查？

检查尿液和血清中儿茶酚胺浓度，目前被认为是筛查嗜铬细胞瘤的有效手段，并且能排除肾上腺皮质起源的肿瘤。然而，这类激素的新陈代谢不稳定，它们需要特殊的样本处理方法，只有少数实验室能够进行检测。确诊仍需要组织病理学和免疫组织化学诊断。

推荐阅读

Bertazzolo W, Didier M, Gelain ME *et al.* (2014) Accuracy of cytology in distinguishing adrenocortical tumors from pheochromocytoma in companion animals. *Veterinary Clinical Pathology* 43:453–459.

Gostelow R, Bridger N, Syme HM (2013) Plasma-free metanephrine and free normetanephrine measurement for the diagnosis of pheochromocytoma in dogs. *Journal of Veterinary Internal Medicine* 27:83–90.

病例 139

1 请描述涂片中的细胞。

可见少量空泡化的柱状上皮细胞，有少量无细胞质的细胞核。有中等数量的嗜中性粒细胞和少量巨噬细胞。在部分巨噬细胞内和涂片背景中，有大量染成橙红色的微小的圆形微生物，为酵母菌。它们比红细胞小，并且包膜内不含均质的血红蛋白。

2 您的判读结果是什么？

细胞学发现提示子宫酵母菌感染。

编者注：母马子宫感染的真菌有可能表现为裂殖酵母或菌丝的形式。在一个动物中两种形式同时出现非常罕见，因为个体的子宫内环境通常只适合其中一种形式的真菌生长。

病例 140

1 请描述细胞形态。

许多柱状上皮细胞含有卵圆形、基底样细胞核，具有点状核染色质。细胞质呈柱状，含有少量空泡。背景中可见少量淋巴细胞。未见嗜中性粒细胞或感染性病原。

2 您对该涂片的判读结果是什么？

细胞学形态提示常规的生殖状态和周期。

3 这为什么很重要？

根据细胞学结果可知母马已经准备好繁育，并且在生育前不需要治疗，了解这些情况至关重要。将细胞学结果和细菌培养结果进行比较是非常重要的。培养结果可见少量链球菌，但细胞学结果显示这个培养结果可能呈假阳性，因为细胞学中未见炎症反应。子宫细胞学和微生物培养结果需相互结合，以确保炎症和微生物培养结果相对应。如果对应，则建议治疗，若不对应，则无须额外治疗。

推荐阅读

Freeman KP, Roszel JF, Slusher SH (1986) Patterns in equine endometrial cytologic smears. *Compendium on Continuing Education for the Practicing Veterinarian* 8(7): 349–360.

Slusher SH, Freeman KP, Roszel JF (1985) Infertility diagnosis in mares using endometrial biopsy, culture and aspirate cytology. *Proceedings of the 31st Convention of the American Association of Equine Practitioners*, Toronto, p. 165.

病例 141

1　请描述细胞学结果，并给出您的诊断。

脱落细胞量大，上皮细胞成簇分布。细胞偶呈管状、花环状或皇冠状排列。细胞呈中等大小，细胞质边界不清楚，胞质呈淡蓝色，核质比高，细胞核呈圆形至卵圆形。嗜酸性无定形基质（疑似分泌的）偶见于花环结构之间。细胞异型性中等。细胞学形态符合肛囊腺癌。

2　您会推荐哪些进一步检查？

建议检测总钙/离子钙含量，因为超过25%的该种肿瘤患犬中，可见副肿瘤综合征性高钙血症。强烈建议进行腹部超声评估髂内淋巴结，因为该位点是常见的恶性肿瘤转移和浸润的位置。这也有助于临床分期和判断预后。

编者注：恶性肿瘤引起的高钙血症原因各异，包括甲状旁腺激素生成异常，或肿瘤产生的甲状旁腺相关肽，以及骨转移后造成的进一步骨溶解。

病例 142

1　请描述细胞学发现。

可见中等数量的红细胞成簇分布，背景中多处可见精子。精子具有蓝白色头部和蓝灰色尾巴，有些可见卷曲或首尾分离。未见嗜中性粒细胞或感染病原。

2 这种细胞学发现有什么意义？

当泌尿生殖系统在采样前被按摩时，精子时常能在前列腺冲洗样本中发现。样本中可见红细胞存在出血，但未见炎症。

涂片中未见移行上皮。这些移行上皮经常见于前列腺冲洗。本病例中，在其他视野下可见移行上皮细胞，未见恶性特征。有时移行上皮癌可见于前列腺，在前列腺原发或转移至前列腺。因此，前列腺冲洗液检查非常重要，因为样本中较常见正常的移行上皮细胞。

3 您有什么其他建议？

没有出现前列腺起源的柱状上皮细胞，因此没有必要排查前列腺是否出现增生或恶性变化。如果想要进一步排查前列腺，则建议超声引导下使用细针抽吸采集前列腺细胞学样本。因为该方法直接从前列腺采样，样本具有较高的代表性。通过超声引导采集前列腺细胞学样本已经取代了前列腺冲洗液，成为评估前列腺异常的手段。随着超声设备的逐步普及，前列腺细针抽吸样本越来越多的被送到诊断实验室进行诊断。由细针抽吸活组织检查造成的肿瘤医源性转移率极低，但曾见于文献报道。

推荐阅读

Teske E (2009) Urogenital cytology. *Presented at the 34th World Small Animal Veterinary Congress WSAVA 2009,* São Paulo, Brazil.

病例 143

1 脑脊液的细胞学判读结果是什么？

涂片中可见明显升高的炎性细胞（脑脊液细胞增多）。这些细胞主要为非退行性嗜中性粒细胞（>80%），可见少量单核细胞，多为巨噬细胞。未见细菌或其他传染性病原。

2 对于该结果鉴别诊断可能是什么？

嗜中性粒细胞增多症可能与感染或非感染性因素有关，如细菌/真菌性脑膜炎，类固醇反应性脑膜炎/动脉炎（steroid responsive meningitis arteritis, SRMA），或潜在的肿瘤。不常见的原因包括骨髓造影后反应或创伤。细胞学结果结合临床症状，如颈部疼痛和发烧，以及非退行性嗜中性粒细胞的出现，高度怀疑 SRMA。在脑脊液样本中通常较难发现细菌，即使在确诊的细菌性脑膜炎中也是如此，因此脑脊液样本均有必要进行微生物培养，以排除细菌。

病例 144

1　图片中心靠右下方的细长、棕色、分节的结构是什么？

一种真菌孢子，链格孢属。

2　该发现有什么意义？

当出现少量链格孢时属于正常现象，不应作为真菌感染的证据。当出现中等数量或大量链格孢时，提示链格孢摄入增多，或肺脏清理环境孢子的能力变差。进行孢子或花粉计数，当出现中等数量或大量时，评估是否出现霉菌，需要考虑环境因素或其他肺部疾病。链格孢常伴有其他类型的孢子，有时还有色素化真菌菌丝碎片。

病例 145

1　请描述显微照片中的细胞形态，并给出您的判读结果。

两张图片分别为同一张涂片的不同视野。背景呈高嗜碱性（蛋白质成分），含有少量血液。有大量无核的鳞状上皮细胞（角化上皮），呈聚集状分布。它们由扁平的多边形无核细胞构成，常见折叠。其细胞特征为细胞边界清楚，含有大量、轻度至中度嗜碱性细胞质。这些发现通常与表皮 / 毛囊囊肿有关。表皮囊肿为皮肤非肿瘤性病变，常见于老年犬。表皮囊肿通常由创伤性表皮碎片包囊或先天性表皮发育异常所致。有些病例中，囊壁破裂后导致角蛋白暴露于包囊周围组织中，造成内源性异物反应，以及化脓性炎症至脓性肉芽肿性炎症。在这些病例中，炎性细胞常见于鳞状上皮细胞周围，如图 145b 中所示。预后较好，治疗方式为手术切除。

2　图 145a 中黑色箭头所指的结构是什么？有什么意义？

图中箭头所示的多边形不着染物质为胆固醇结晶，由细胞膜中的脂质构成，提示细胞凋亡和 / 或分泌异常。胆固醇结晶常见于表皮囊肿，同样也可见于慢性出血。

编者注：有时上皮源性肿物包含囊肿，如本病例中图片所示。因此手术切除是有必要的，并送检样本进行组织病理学检查，以评估囊肿附近是否存在肿瘤，但未在该样本中体现出来。

推荐阅读

Gross TL, Ihrke PJ, Walder EJ *et al.* (2005) *Skin Disease of the Dog and Cat: Clinical and Histopathologic Diagnosis*, 2nd edn. Wiley-Blackwell, Ames, pp. 604–640.

病例 146

1　图中所示的结晶是什么？

鸟粪石（磷酸铵镁）结晶，是猫尿沉渣中最常见的结晶。

2　结合其他检查结果，从临床的角度看我们能得到什么鉴别诊断？

鸟粪石结晶出现于猫的尿沉渣中，通常与构成磷酸铵镁的成分在尿液中饱和后析出所导致的（镁、氨和磷酸），这些都是形成这种结晶的前提。涂片中的结晶溶解预后较好。提示该样本老化。

该猫无临床症状。血液检查结果支持轻微脱水，TP 和白蛋白增加；USG 正常偏高，pH 在碱性范围内，有利于形成鸟粪石晶体。然而，不能完全排除这些晶体是在体外形成的，因为样品采集后没有立即检查。

猫尿试纸上白细胞反应强阳性通常是一种假反应，必须忽略不计。与犬不同，猫体内鸟粪石晶体的形成与尿路感染无关。

总之，在没有临床症状的猫身上，特别是在收集后没有立即检查的排泄物样本中，必须小心判读鸟粪石晶体的发现。

推荐阅读

Osborne CA, Lulich JP, Polzin DJ *et al.* (1999) Medical dissolution and prevention of canine struvite urolithiasis. Twenty years of experience. *Veterinary Clinics of North America: Small Animal Practice* 29:73–111.

病例 147

1　该胸腔积液属于什么类型？

该积液属于渗出液，TP＞30 g/L，NCC＞5×10^9/L。

2　基于胸腔积液的宏观（图147a）和微观（图147b和c）图片，您还需要做哪些实验室检查？

积液中胆固醇和甘油三酯浓度。

3　根据进一步的实验室检查结果，您如何重新对此胸腔积液进行分类？

乳糜渗出液，该结论基于溶液中胆固醇/甘油三酯比值小于1。

4　请列出最常见的引起乳糜胸腔积液的原因。

乳糜液的形成多为淋巴管出现物理性（纵隔肿物）或功能性（心血管疾病）障碍，造成压力升高，淋巴管扩张，少数情况下创伤造成的胸导管破裂也会造成乳糜胸。在猫中，心肌病为一个常发病因。

编者注：体腔液中乳糜液的鉴定与淋巴液潴留有关。体腔液定性可能为改性漏出液或渗出液。肉眼可见积液呈奶白色，从细胞学水平来看，乳糜颗粒或脂滴含量差异较大，取决于个体新陈代谢水平，以及进食后脂质的消耗程度。乳糜液与血清相比含有更高的甘油三酯，液体/血清甘油三酯比值常大于3。另外，液体中胆固醇/甘油三酯比值小于1也提示积液为乳糜液。

引起乳糜液的状况和疾病较多，正如前文所述。除心功能不全外，出现肿物（脓肿、血肿、肉芽肿或肿瘤）阻碍血管/淋巴管循环，或胸导管破裂，乳糜液还与纵隔疝、肺扭转、慢性咳嗽、慢性呕吐、脂肪炎、胆管性肝硬化、先天性淋巴管异常、淋巴管扩张以及特发性因素有关。

推荐阅读

Baker R, Lumsden JH (2000) *Color Atlas of Cytology of the Dog and Cat*, 1st edn. Mosby, St. Louis, pp. 23–29.

Meadows RL, MacWilliams PS (1994) Chylous effusions revisited. *Veterinary Clinical Pathology* 23(2):54–62.

病例148

1　涂片中可见到哪些细胞？

细胞大小有差异，但均为明显的长梭形细胞。具有尾巴和嗜碱性胞质，细胞核呈卵圆形，染色质聚集。有大量细胞碎片，提示细胞易碎，并伴有坏死。

2 细胞学判读结果是什么？

可见成簇分布的长梭形细胞，根据穿刺位置提示可能存在梭形细胞肿瘤或肉瘤。在组织病理学上被诊断为横纹肌肉瘤。

编者注：诊断为"类肉瘤"，如本书中其他病例的讨论，需要进行系统的细胞学检查来诊断。在某些病例中，横纹肌肉瘤可能会出现丰富的胞质内细丝，纵横交错形成横纹，提示典型的骨骼肌。如果出现这种表现，可能只体现在少数细胞中。免疫组化表达肌动蛋白和肌间线蛋白，结合出现的恶性特征，可以提示肿瘤为肌肉起源，因为肌动蛋白和肌红蛋白被认为是横纹肌起源的特异性蛋白质。

病例 149

1 请鉴别微生物。

原藻属。原藻病为致盲性原壁菌引起的疾病。由被污染的水源感染。原藻菌三种亚型中的两种：*Prototheca zophii* 和 *Prototheca wickerhamii* 具有致病性。*P. zophii* 最常在犬的传染性疾病中被发现，而 *P. wicherhamii* 通常伴有皮肤症状。在细胞学观察中，这种病原微生物大小 4～10 μm，呈圆形至卵圆形，偶见肾形，具有较薄的遮光性囊壁，内含嗜碱性颗粒。病理学下可见在胞内孢子形成时期出现的典型胞内分隔，在细胞学上并不常见。

推荐阅读

Rizzi TE, Cowell RL, Meinkoth JH *et al.* (2006) Subretinal aspirate from a dog. *Veterinary Clinical Pathology* 35:111–113.

病例 150

1 请描述涂片中的细胞形态。

背景中可见嗜碱性蛋白质，可见大型脂肪空泡，以及有核细胞，散在或成簇分布。细胞个体较大，细胞核呈圆形至卵圆形，具有颗粒化染色质，有时可见明显的单个核仁。具有中等含量的细胞质，通常带有一个或多个边界清楚的空泡。

2　您的细胞学判读是什么？

间质细胞增生，可能为肿瘤。脂肪空泡和胞质中的空泡高度怀疑为脂肪肉瘤。

3　可以进行哪些检查来确诊？

使用苏丹Ⅲ对未固定的、自然风干的涂片进行染色，以确定空泡物质为脂肪。苏丹Ⅲ染色会将脂肪染成红色至粉色。油红O染色同样也可用于脂肪染色。

推荐阅读

Masserdotti C, Bonfanti U, De Lorenzi D *et al.* (2006). Use of Oil Red O stain in the cytologic diagnosis of canine liposarcoma. *Veterinary Clinical Pathology* 35(1):37–41.

病例 151

1　请描述细胞形态，并给出细胞学判读结果。

可见数量不等的肝细胞，胞质内含有大量泡沫状空泡，因含有数量不等、边界清楚的小型液滴而膨胀，细胞核被液滴遮盖不可见，总体上提示微泡性脂肪变性。相似的液滴在背景中也能见到。

2　导致该病的最常见原因是什么？

微泡性脂肪变性常继发于严重缺氧、摄入毒素，以及不良的药物反应，或脂蛋白分泌失衡。相反地，大泡性脂肪变性（胞质内出现大的边界清楚的脂肪空泡，将细胞核挤向细胞边缘）又称为脂肪肝，最常出现于长期饥饿或代谢性疾病，包括糖尿病。两种脂肪变性的细胞学特征有时会相互重叠，使得有时无法辨别这两种亚型。本病例中，患猫被确诊患有慢性肾病伴严重的非再生性贫血。

病例 152

1　请描述图中的细胞。

背景中可见蛋白基质和中度出血，可见长梭形细胞成小簇或散在分布。细胞为单核样细胞，偶见多核细胞，中度细胞大小不等、细胞核大小不等。细胞核大小中等，卵圆形，染色质粗糙。偶见1～2个小的圆形核仁。细胞质轻度嗜碱性，细胞膜边界不清晰，可见小而清晰的胞质空泡。

2 您的判读结果和建议是什么？

对本病例而言，确诊比较有难度，最难的部分是如何区分肉瘤和手术创口造成的疤痕组织反应性纤维增生。放疗过程也增加了组织损伤反应的程度，因放疗过程会破坏组织细胞，造成细胞发育异常。在这种情况下，细胞学家只能描述客观形态，建议进行组织病理学检查以确诊。

编者注：细胞学在区分恶性间质类肿瘤和良性增生上具有局限性，这一点众所周知，因为细胞学无法评估有丝分裂活性、是否存在包囊、肿物的侵袭程度以及其结构特征。在患处出现或缺少炎性细胞并不能对诊断提供帮助，因为肉瘤也经常引起继发性炎症。从另一方面来说，发生组织反应或炎症时，会导致细胞发育异常。尽管细胞学有这些限制，仍为诊断间质类肿瘤的有效工具，并可以排除其他疾病，如其他肿瘤或炎症。

推荐阅读

DeMay R (2012) *The Art and Science of Cytopathology*, 2nd edn. ASCP Press, Chicago, pp.635–749.

病例 153

1 请描述细胞形态。

背景中可见黏液、少量嗜中性粒细胞和红细胞。可见一些具折光性的结晶碎片和交缠的真菌菌丝。菌丝较细（直径几毫米），具有不规则的隔膜。在本视野中未见分支，但其他视野下可见两侧分支。

2 您对该发现的判读结果是什么？

细胞学结果提示嗜中性粒细胞性炎症，真菌菌丝的出现提示鼻腔曲霉感染。

3 应该推荐哪些进一步的检查？

通过真菌培养，评估真菌的生殖结构，有助于我们对曲霉病做出明确诊断。结合曲霉菌抗体滴度检查能够帮助我们辨别是否出现曲霉菌感染，免疫系统是否已经出现反应。然而，当机体暴露在曲霉菌中，但还未引起感染性疾病时，可能出现假阳性结果；而当感染早期，或机体免疫功能受损时，则不能针对该病原微生物产生抗体，出现假阴性结果。结合内窥镜检查能够辅助诊断，如果内窥镜可见白色斑块样病灶，并且镜下可见真菌菌丝，则更加怀疑曲霉菌感染。

病例 154

1 图 154a 中是什么细胞？

图中所示为皮脂腺上皮细胞。它们分化良好，其特征是具有小而圆的致密细胞核，含有大量、高度空泡化的胞质。空泡通常较小、边界清晰、相互独立。

2 您的诊断是什么？

细胞学提示为皮脂腺瘤或皮脂腺增生。这两种形式无法通过细胞学区分，但临床生物学行为都呈良性。出现在眼睑周围的病灶被称为睑板腺瘤，发生于睑板的皮脂腺。

皮脂腺最常出现于老年犬，可能为单一病灶或多发病灶，经常无毛。预后良好，手术切除治愈率高。

3 图 154b 中黑色箭头所指的是什么细胞？ 这些细胞的作用是什么？

箭头中所指的细胞为立方样上皮细胞。在正常的皮脂腺中出现数量较少。当出现大量储备上皮细胞时，尤其是当它们数量超过了成熟的皮脂腺细胞时，提示为皮脂腺上皮瘤。组织学上，虽然生物表现都比较良好，世界卫生组织将皮脂腺上皮瘤分为低分级恶性上皮肿瘤（low-grade carcinoma）。

病例 155

1 请描述图中细胞形态。

涂片背景干净，可见少量红细胞。大部分有核细胞为小淋巴细胞（标记 1），同时也含有少量中、大淋巴细胞（标记 2）。另外还有独立分布的大细胞，具有圆形至卵圆形的细胞核，细胞质呈淡蓝色，含量较少（标记 3）。

2 您的判断结果是什么？

胸腺瘤。大单核样细胞，具有难以分辨的细胞轮廓，是胸腺上皮细胞。这些上皮细胞可能单独存在，或呈簇分布，通常缺少恶性特征。

胸腺瘤起源于胸腺上皮细胞，与非肿瘤性淋巴细胞混合，主要为小淋巴细胞。同时图片中也可能见到少量肥大细胞，可以帮助我们确诊，特别是当细胞脱落量少，缺乏上皮细胞，却又需要给出确切的诊断时。单独的细胞学检查不能进行确诊时，比较推荐组织病理学检查。在鉴别胸腺瘤时比较推荐流式细胞术，PARR 检测也能进行诊断。在胸腺瘤中，淋巴克隆分型结果多为多克隆，其中 10% 以上的淋巴细胞同时表达 CD4 和 CD8，而胸腺淋巴瘤中，淋巴克隆分型结果为单克隆，更多为原发 T 细胞。

推荐阅读

Lana S, Plaza S, Hampe K *et al.* (2006) Diagnosis of mediastinal masses in dogs by fow cytometry. *Journal of Veterinary Internal Medicine* 20:1161–1165.

病例 156

1 脑脊液的细胞学判读结果是什么？

炎性细胞数量明显增加（脑脊液细胞增多症）。细胞成分为非退行性嗜中性粒细胞（60%～70%）和大的单核样细胞，疑为巨噬细胞（30%～40%）。未见细菌或其他传染性病原。细胞学诊断为混合性细胞增多症。

2 可能的鉴别诊断是什么？

混合型细胞增多症在多种病理状态下均有可能出现，包括类固醇 - 反应性脑膜动脉炎（SRMA），未知起源的脑膜炎（MEUO）、原虫病（如弓形虫或新孢子虫）、真菌感染（隐孢子虫）、病毒性感染（犬瘟热）或潜在的肿瘤。

在本病例中，细菌培养结果为阴性，对患犬进行了免疫抑制药物治疗，恢复良好，提示该病例为免疫介导性疾病（SRMA 或 MEUO）。

病例 157

1 图中箭头所指的是什么细胞？

可见巨噬细胞被红细胞前体包围，主要为晚幼红细胞和多染性红细胞。这种细胞分布被称为成红细胞岛。

2 什么过程会出现这种细胞？什么时候出现？

红细胞前体作为髓外造血中的一个过程，经常出现在脾脏中，骨髓的前体细胞和巨核细胞都会出现。髓外造血，特别是红细胞系的髓外造血，通常是对急性或者慢性贫血做出的应答，但也有可能是骨髓异常增殖或淋巴瘤。红细胞岛为造血池，其中的巨噬细胞给红细胞前体提供铁，以供红细胞生成，同时吞噬红细胞成熟过程中被挤出的细胞核。

推荐阅读

Chasis JA, Mohandas N (2008) Erythroblastic islands: niches for erythropoiesis. *Blood* 112:470–478.

病例 158

1 请描述图中的细胞。

抽出细胞中有少量巨噬细胞，散在分布或成小簇分布。巨噬细胞含有大量灰色嗜碱性胞质，含有大量细长的、不透明的嗜碱性结构（标记 1）。在细胞外也可见相似的细胞学结构，分布在炎性细胞附近。可见少量多核巨细胞（标记 2）。偶见含铁血黄素（标记 3），提示低分级慢性出血。

2 您的判读结果是什么？

纱布瘤。为炎性肉芽肿性病变，继发于手术纱布。图片中所见细长的细胞外及巨噬细胞吞噬的结构为外科纱布的纤维。这些合成纤维难以降解，甚至不降解，机体对它的反应是将异物包裹起来，形成无菌性肉芽肿。在本病例中，发现了手术后遗留下的纱布，确定了细胞学诊断结果为纱布瘤（图 158c）。

158c

推荐阅读

Putwain S, Archer J (2009) What is your diagnosis? Intra-abdominal mass aspirate from a spayed dog with abdominal pain. *Veterinary Clinical Pathology* 38:253–256.

病例 159

1 下列选项中哪个与本涂片最为符合？

（a）正常 （b）反应性 / 增生

（c）肿瘤转移 （d）多发性骨髓瘤

选（b）。增生 / 反应性淋巴结在临床触诊中可见淋巴结增大，FNA 细胞脱落量较大，以小淋巴细胞为主，但中大淋巴细胞数量上升，比例超过 15%。浆细胞（标记为 *）数量上升。偶见 Mott 细胞，也可能出现着色小体巨噬细胞。

2 什么是莫特（Mott）细胞（插图所示）和着色小体巨噬细胞（tingible body macrophages）？

Mott 细胞为胞质嗜碱性、含有清晰空泡的浆细胞，空泡称为 Russell 小体。Russell 小体的本质存在争议，但一些作者认为囊泡内是积累的免疫球蛋白。假定潜在的机制是免疫球蛋白的分泌功能缺陷（部分或整体）。着色小体巨噬细胞（tingible body macrophages）为包含细胞碎片的巨噬细胞，数量增多代表凋亡或细胞因子异常，这种情况在淋巴组织增生异常时常见。

3 请列出反应性 / 增生性淋巴结病的鉴别诊断。

反应性 / 增生性淋巴结肿大在任何局部或整体的抗原反应过程中都可能出现，可能包括感染、炎症、免疫介导性疾病或肿瘤。可能引起淋巴增生的特定感染情况包括埃利希体、FIV/FeLV 感染、落基山斑疹热以及莱姆病。

编者注：在细胞学中发现反应性淋巴结增大时，蜱传播疾病是重要的鉴别诊断。其他引起广泛性淋巴结增生的疾病包括皮肤病、体外寄生虫、真菌疾病以及系统感染。广泛性或者局部淋巴结增大，伴细胞学淋巴组织增生，可能出现于肿瘤、局部刺激或损伤等情况中。也存在先天性淋巴结偏大，或者幼龄动物初次接触抗原时也会增大。当细胞学可见淋巴结反应性增大但未找到激发原因时，建议继续寻找潜在病因。

兽医细胞学诊断（犬、猫、马和奶牛）

推荐阅读

Hsu SM, Hso PL, McMillan PN *et al.* (1982) Russell bodies: a light and electron microscopic immunoperoxidase study. *American Journal of Clinical Pathology* 77:26–31.

Valenciano AC, Cowell RL (2014) (eds) *Cowell and Tyler's Diagnostic Cytology and Hematology of the Dog and Cat*, 4th edn. Mosby/Elsevier, St. Louis, pp. 185–186.

病例 160

1 请描述图片中的细胞和背景中的物质。

圆形、卵圆形、多边形或星形细胞散在或疏松排列于浅粉色颗粒化基质中。细胞特征为：含有中等至大量淡蓝色细胞质，每个细胞含有一个卵圆形至有角的细胞核。偶见双核细胞。背景中可见大小不等、边界清晰的空泡，最可能是脂滴。

2 最可能的细胞学诊断是什么？

最可能的细胞学诊断为软骨肉瘤，切除后经组织学确诊。在背景中出现大量高度嗜酸性基质，常见于骨肿瘤，表现为软骨瘤或软骨肉瘤的特征。然而，细胞学无法区分骨肿瘤，此时需要组织病理学确诊。

病例 161

1 请描述涂片中的细胞。

图片中可见大量分化良好的肝细胞，具有清晰的细胞质，可见包含少量胞内绿色颗粒。同样有大量分叶嗜中性粒细胞，分布于肝细胞周围，有时聚成小团（如箭头所示）。

2 根据细胞学发现，您的判读是什么？

细胞学发现提示化脓性炎症（肝炎 / 胆管炎）。

编者注：在大多数器官中，嗜中性粒细胞的意义较难解释，因为可能是血液稀释引起的。真正的嗜中性粒细胞性炎症，嗜中性粒细胞的数量比红细胞要高得多，或者是嗜中性粒细胞紧密聚集在肝细胞团块周围。建议通过组织病理学检查确诊，并鉴别炎症类型，是原发性实质性炎症（肝炎）还是胆管炎症（胆管炎）。

病例 162

1 请描述图中细胞形态，并对涂片进行总体描述。

细胞脱落量大，形态较好。细胞群落较为单一，细胞呈圆形、多边形或细长型（enlongated）。这些细胞多呈散在分布，偶呈小簇分布，出现围绕血管外周排列方式。细胞特点是中央毛细血管的空间全被成簇的间质细胞环绕，细胞核质比差异大，含有中等至大量粉色至淡紫色的细胞质，细胞边界清晰；胞质内可见稀疏至中等含量、小型、点状、均一的胞质内空泡，含有极少量蓝黑色至黑色胞内颗粒（图162a）。细胞核呈圆形至卵圆形，位于细胞中央或偏于一侧，染色质粗糙、聚集，具有单个、小而不明显的圆形核仁。细胞和细胞核轻度至中度大小不等。

2 您的判读是什么？

间质细胞瘤（睾丸间质细胞瘤）。为常见的犬睾丸肿瘤，虽然少见引起睾丸增大，因此不常被细胞学检查发现。间质细胞与睾酮的产生有关，睾酮与前列腺疾病或肛周肿物的发展有关。

病例 163

1 图中细胞可能起源于哪里？

送检样本内可见小簇分化良好的间皮细胞。注意图中左下角细胞间的"间隙"或"窗口"，提示细胞连接不紧密；这些间隙或窗口提示细胞起源为间皮而非上皮细胞，上皮细胞间连接紧密。这些细胞未表现出任何异型性，只是偶见包含有粉色圆形细胞内容物。这些可以偶尔在间皮细胞中被观察到，临床意义未知。细针抽吸内脏时经常发现间皮细胞，提示腹腔中出现黏膜意外擦伤或剥落。

推荐阅读

Koss LG, Melamed MR (2005) *Koss' Diagnostic Cytology and Its Histopathologic Bases*, 5th edn. Lippincott Williams and Wilkins, Philadelphia, p. 925.

兽医细胞学诊断（犬、猫、马和奶牛）

病例 164

1 请描述图片中观察到的细胞形态。

清晰的背景中可见圆形细胞和少量红细胞。有核细胞含有中等量的清亮至淡蓝色胞质，胞质内偶见少量粉色（洋红色）颗粒。细胞核偏于细胞一侧，呈圆形至卵圆形，具有轻度颗粒化的染色质，细胞核包含清晰的小圆形核仁。轻度细胞大小不等、细胞核大小不等。这些细胞学发现支持无颗粒性肥大细胞瘤。图片右上方和右侧中间可见两个嗜酸性粒细胞。可见少量致密、粉色、异型性物质分布于图片中间左侧，提示为溶解的胶原。

2 您的判读是什么？

肥大细胞瘤，低颗粒。

编者注：本病例中的肥大细胞瘤胞质内含有少量紫色颗粒。胞质内缺乏颗粒，有时妨碍我们确诊肥大细胞瘤。通过油镜进行细节扫查可能发现少量紫色颗粒，再加上嗜酸性粒细胞、成纤维细胞以及胶原溶解，更进一步证实肥大细胞瘤的诊断。如有需要，特殊细胞/组织化学染色（甲苯胺蓝）可区分颗粒。使用 Diff-Quik® 染液可能无法将肥大细胞瘤中的颗粒着色，当出现这种情况时，将难以做出正确的诊断，或将该肿瘤分类为低分级肥大细胞瘤。

肥大细胞缺少颗粒，特别是当细胞形态具有恶性特征时（严重的细胞大小不等、细胞核大小不等，细胞核明显，可见异常有丝分裂象），提示为恶性程度更高的高分级肥大细胞瘤。然而，组织病理学仍然是肿瘤分级的金标准。

病例 165

1 请描述图中的细胞形态。

嗜碱性背景中含有空泡、坏死，以及粉色纤维条带。完整的单层细胞主要为中淋巴细胞，具有轻度不规则、多呈扩张性分布的淡蓝色胞质，具有典型的边界清楚、不规则分布的嗜苯胺蓝颗粒。细胞核粗糙，呈圆形，有异常的染色质。可见两处有丝分裂象（正上方和右下方）。

2 您的细胞学判读是什么？

皮肤淋巴瘤。如果不采用病理检查，对涂片中细胞 PCR 克隆分型，或对新鲜细胞进行流式细胞免疫分型，均可以进一步确诊。推荐进行肿瘤分期，包括血液学、生化以及影像学检查，有助于临床分期。

病例 166

1　涂片所示的微生物是什么？

该微生物为嗜皮菌属。嗜皮菌为一种革兰阳性菌，属于放线菌。其是嗜皮菌病的病原，在马中也被称作"泥巴热"或者"下雨疮"。嗜皮菌同样发生于牛、羊、人以及其他物种，在热带地区广泛传播，在牛中通常表现为皮肤链球菌病。

嗜皮菌在温和的气候中不常见。在马中，曾描述过两种临床感染类型，一个在夏天，一个在冬天。冬天型趋向于临床症状更严重，也会出现本病例中的典型疤痕。

2　如何鉴定它们？

在慢性病例对疤痕处做细胞学检查时，只有少量微生物能被发现。因此，应该制备多个细胞学涂片，以进行细致评估。在图 166b（未染色，100倍油镜）中可见分支菌丝，直径大约 1 μm，含有 2~6 个平行的线，有球形内涵孢子，像是铁路隧道或堆叠的硬币。需要使用血平板进行微需氧微生物培养确诊。图 166c 显示了培养后的嗜皮菌。如需要大规模血清学和流行病学调查，可使用间接荧光抗体、ELISA 和 PCR 等方法。

3　有哪些鉴别诊断？

鉴别诊断包括嗜皮菌和免疫介导性疾病（落叶天疱疮）。

推荐阅读

Szczepanik M, Golynski M, Pomorska D *et al.* (2006) Dermatophilosis in a horse – a case report. *Bulletin of the Veterinary Institute in Pulawy* 50:619–622.

常见问题
（frequently asked questions，FAQ）

FAQ1　如何让细胞学诊断在我的诊所里有价值？

细胞学在诊断、处理和 / 或鉴别诊断中具有一定的价值。它可能在预后、治疗计划（手术和内科治疗）和客户教育等方面都有重要作用。也可以用于监测治疗情况或对治疗方案的反应。

在慎重考虑使用细胞学诊断时，需考虑以下几个方面：

- 细胞学的价值在于它可以影响病例的处理方式，未做细胞学诊断的病例可能处理方法不同。
- 如果采用细胞学诊断这种方式后，病例处置或处理方式并没有改变，那么细胞学的价值存在争议。
- 如果细胞学不能持续提供高级、精确的诊断信息，其价值存在争议。

FAQ2　什么时候我应该在诊所里进行细胞学诊断？什么时候我应该把样本寄到细胞学专家处进行诊断？

应考虑以下因素：

- 我开展细胞学或其他技术的时间是否最佳？需考虑经济因素、客户服务和现有需求。
- 我是否有持续的兴趣，并接受了足够多的培训、练习？是否能够保证获取了合格的样本？是否能保证诊断的准确性？
- 我是否有足够的兴趣和训练、是否有足够的时间参加培训？以保证制备高质量的细胞学涂片和染色，并对自己的判读有非常合理的自信。
- 我是否有一台高质量的显微镜（见 FAQ14）？
- 是否有细胞学家/细胞病理学家？我是否有一个值得信任的细胞学家/细胞病例学家朋友？

不管您是否要将样本送检给细胞学家 / 细胞病理学家，都需要制备细胞学涂片和染色，原因如下：

- 确定样本细胞量，如果细胞量少，可多次重复采样。

- 如果准备迅速，能够向主人传达初步诊断结果。

- 通过比较细胞学 / 细胞病理学结果，强化练习细胞学判读。

- 通过比较临床诊断和细胞学结果，强化临床诊断技能和鉴别诊断。

采用细胞学家 / 细胞病理学家服务的原因如下：

- 确定临床怀疑和相关考虑。

- 利用专家和受训的细胞学专家来评估。

- 客户服务的"附加价值"（如专家咨询）。

- 可进行特殊染色，具备细胞浓缩技术、免疫染色，有助于做出诊断和判断预后。

FAQ3　制备高质量细胞学涂片的要素有哪些？

制备高质量细胞学涂片的要素如下。

适当的采集样本的材料或设备：

- 一般情况下，21～25 G 的针头和 10 mL 注射器适用于皮肤肿物细针抽吸和体腔液采集。

- 结核菌素或 25 G 针头可用于非抽吸样本采集。这种方法对一些浅表病变或细胞脆性增加的样本更加有用，如增大的淋巴结。

- 可使用特殊的保定设施，改善操作灵敏度和样本的细胞量。

- 可使用各种大小和型号的手术刀剃毛。

- 采集细胞前可将拭子用生理盐水和转运培养基浸湿，以防脱水和细胞破坏。

- 有些样本（如骨髓和脑脊液）需要特殊的针头和探针。

干净、高质量的玻片：

- 制备涂片前，可将玻片浸入酒精中，并使用不含毛的纸巾擦拭，以去除油渍。玻片干燥后，方可将材料放到玻片上。

- 最好选择带磨砂的玻片，以便贴上标签，易于识别。

- 如果样本量足够，可制作多张玻片，以增加有诊断价值涂片的概率。
- 将制备好的涂片（玻片）盖上，以防灰尘和其他空气中的物质积聚。

快速风干（使用吹风机）：

- 防止细胞积聚"起球"，使得识别和评估细胞核和细胞质特征的难度增加。
- 快速风干促进细胞良好分布，防止伪像和玻片黏附。

解决问题的措施：

- 如果样本黏滞度很高，很难摊开，可考虑将样本置于一小滴血清或血浆中，然后进行染色。可能需注意血清或血浆可减慢风干速度这个问题。
- 如果是血液样本，或者是首次抽吸后样本中含有凝块，可能需要准备好抗凝剂（通常是 EDTA 或者枸橼酸钠），以防样本凝集。

样本转运或寄送时需要的试管和容器：

- 某些类型的样本需要固定液（40% 的乙醇和 10% 福尔马林缓冲液），也会用到某些染色技术（如巴氏染色、H&E 染色、新亚甲蓝染色）。
- 为防止涂片被灰尘和脏物污染，可使用盛装玻片的容器，还可预防玻片破裂。
- 风干后的涂片避免接触到福尔马林蒸汽，以免对罗曼诺夫斯基染色法造成干扰。

FAQ4　我该如何采集细胞学样本？

1　细针抽吸

优点：

适用于很多种类的皮肤病变。

- 通常不需要对动物进行麻醉和镇静。特殊病例需要轻微镇静或麻醉。

缺点：

- 有些类型的病变细胞脱落不良，尤其是纤维性病变或一些间质起源的肿瘤。
- 过度抽吸可能会导致血液污染或血液稀释。

技术要点：

- 21～25 G 的针头和 5～10 mL 的注射器可进行 FNA 操作。
- 为增加获取到有诊断意义样本的概率，可在团块内反复穿刺数次。
- 退针前停止负压抽吸。
- 将针头和注射器分开，吸入数毫升空气。
- 将针头连接到带有空气的注射器上，将抽吸到的样本打到贴好标签的玻片上。
- 制备涂片，快速风干（可使用吹风机）。

2　非负压下细针抽吸采集样本

优点：

- 保护易碎细胞的形态免受破坏。
- 使血液污染和血液稀释最小化。
- 对体表肿物、含有易碎细胞的肿物（如淋巴结）尤其有用。

缺点：

- 深部病变不适用。
- 抽吸时细胞脱落不良的病例不适用。

技术要点：

- 常使用结核菌素注射针头或 25 G 针头。
- 对肿物进行多次穿刺，并在多个区域穿刺，以获取到有诊断价值的"核心"细胞。
- 可在针头与针筒连接处见到抽吸物。
- 拔出针头。
- 将针头连接到含有数毫升空气的针筒上。
- 将抽吸物轻柔地打到贴上标签的玻片上。
- 制备涂片，快速风干（吹风机）。

3　刮片

优点：

- 可用于诊断螨虫和癣菌。
- 有些病变细胞脱落不良，这种方法可能采集不到足够的样本。

- 适用于溃疡性病变。

缺点：

- 需要相对"深刮"，以增加获取到具有诊断价值的细胞的概率，溃疡性疾病也不只是渗出性表现。
- 可能易于出现"厚层"区域，细胞分布不均匀，很难判读。

技术要点：

- 使用无菌手术刀。
- 将刮取物涂布到贴上标签的玻片上。
- 可"挤压"制作涂片，使细胞分布更好。
- 可将刮取物中加入少量血清或血浆，以制备薄层涂片。
- 迅速风干（吹风机）。

4 压印涂片

优点：

- 除非是活检组织切面，一般包含的信息量较少。
- 易于反映出表面炎症、出血和 / 或污染，而非深层有代表（诊断意义）的细胞。
- 可能有助于找出浅表真菌（马拉色菌）或其他有机物（通常是细菌）。

缺点：

- 不适用于溃疡或非溃疡性肿物。

技术要点：

- 使用纱布轻拭病变表面，可拂去表层碎屑，防止潜在细胞脱落。
- 将贴好标签的玻片轻轻拂过病变处。
- 如果获取到大量样本，可进行压印涂片。如果只获取到少量样本，不需要制备涂片。
- 迅速风干（吹风机）。
- 可通过检查碎屑和一些浅表物质识别某些种类的病变。

5 拭子

优点：

- 可用于评估渗出物或窦道样病变。

- 可能有助于从水泡和脓疱处获取样本。

缺点：

- 不适用于溃疡或非溃疡性肿物。

技术要点：

- 采样前将无菌拭子用灭菌生理盐水或转运介质浸湿，以防细胞脱水、裂解或破坏。
- 沿玻片轻轻滚动拭子，将细胞摊开。
- 迅速风干（吹风机）。

6 活检样本的 scratch and sniff 涂片

优点：

- 比压印涂片法可能获取更有诊断意义的样本。
- 可快速评估，也可通过组织学描述和细胞学诊断获取经验。

缺点：

- 只能从非固定组织或福尔马林固定小于 12 h 的组织制作最佳涂片（适合罗曼诺夫斯基染色），福尔马林固定 12 h 以上的组织适合巴氏（Papanicolaou）染色、三色染色、H&E 染色，或湿片检查。
- 在固定液中时间过长的组织，其细胞难以黏附到玻片上，可能会"起球"，或不能很好地着色（取决于染液类型）。

技术要点：

- 找到活检样本中有诊断意义的区域。
- 从多个区域制作涂片，增加获取有诊断意义样本的概率。
- 使用干净玻片的一角，轻轻"刮蹭"活检组织表面细胞。
- 将样本从玻片一角转移到另外一个玻片表面。
- "挤压涂片"质量最佳。
- 如果样本太黏稠或细胞未摊开，可滴加一小滴血清，有助于制作薄层涂片。
- 如果要进行罗曼诺夫斯基染色，需迅速风干（吹风机）。如果要进行非罗曼诺夫斯基染色（三色染色、巴氏染色、H&E 染色），推荐进行细胞固定，而非风干。

- 如果也使用其他方法染色，需合理处置样本。

7 冲洗液或灌洗液

优点：

- 可从大面积病变处或管腔器官（如肺部或生殖道）获取样本。
- 可能比拭子或局部采样更敏感。

缺点：

- 需认真定义"足量"或"有诊断意义"的样本。

技术要点：

- 取决于位置和/或样本类型。
- 见文献和参考书中冲洗液和灌洗液采集部分。

8 体腔液抽吸

优点：

- 适用于腹腔积液、胸腔积液、心包液、滑液和脑脊液。
- 可通过移除过量积液起到治疗效果。
- 可通过检查体腔液中脱落的细胞或其他成分获取诊断信息。

缺点：

- 可能反映不出潜在的病变，导致液体过量积聚。

技术要点：

- 取决于位置和/或样本类型。
- 见文献和参考书中样本采集部分。

FAQ5 我该如何处理细胞学样本？

样本处理方法有很多种，主要取决于样本类型和细胞量。样本类型、处理技术和注释总结见下文。

直接抹片。适用于大多数皮肤肿物抽吸样本。细胞量少的样本可能需要浓缩。

1 血涂片技术

技术：

- 与血涂片制作技术一致。

- 滴一滴样本于玻片一端。
- 将第二张玻片末端按照 45° 角贴近这一滴样本。
- 将这一滴样本往前推（玻片另一端），制备一个涂片，长度约占玻片的 3/4，有一个羽状缘。

注释：
- 血涂片技术适用于血液样本，以液体为主的"样本"，或者是可以成滴排出的样本。
- 涂片边缘和羽状缘处细胞量可能较大，可能含有成簇的细胞。
- 用于"摊片"的玻片应时刻保持清洁，使用后要清除残留的细胞，以防干燥物质残留，导致细胞涂布不均。

2 "拉片法"涂片或"压印"涂片

技术：
- 对大多数直接制作的涂片而言，这项技术是作者最喜欢的技术。
- 将样本轻柔地打到玻片上。
- 将另外一张玻片置于第一张玻片上，利用其重力作用将细胞摊开或压开。为了将细胞摊开，有时需要在两个玻片间轻轻施压。
- 这种方式为两张玻片滑动分离开或"被拉开"，使得细胞涂布到两张玻片上。
- 涂片不应跨过玻片边缘，也不应太靠近玻片边缘。

注释：
- 需谨慎操作，以防玻片上方压力过大；否则会导致细胞撕裂破碎。
- 有些样本黏稠度高，或样本很厚，如果滴加一小滴血清或血浆，将有助于细胞均匀涂布。
- 轻轻滚动式移动玻片将有助于"打开"或摊开厚层样本。
- 样本被血清、液体或血液稀释后，可能会导致细胞位于玻片一端。仔细观察要涂片的液滴，不要急于将玻片拉开，以免细胞丢失。

3 "线性"涂片

技术：
- 这类涂片的制作技术和血涂片相同，和血涂片不同之处在于"摊片"

的玻片角度是垂直的，不会形成羽状缘。这种方法可使得细胞沿涂片边缘浓缩成一条线。

注释：

- 适用于同血涂片制作的样本类型。

4 "星状"涂片

技术：

- 这是笔者"最不喜欢"的一种制片方法，但是如果操作得当，它可以提供很好的素材。
- 将材料呈"滴"状排到玻片上。
- 用针头或者注射器帽对着这滴材料向不同方向拉动，制成五角或六角星样的涂片。
- 这种方法的中央区域较厚，但是星星发出的"手臂"区域较薄。

注释：

- 适用于液体样本，或者不能通过血涂片制备方法制作涂片的样本。
- 经常会出现绝大多数细胞位于厚层区域的现象，样本可能很难评估。
- 由于涂片厚薄不均，很难快速风干。

间接涂片。 这种类型的涂片需要细胞浓缩。细胞量少的样本，含有血液或液体的样本，加入少量灭菌转运培养基的样本，或者是加入少量含有10%血清盐水的样本，都适合这种方法制作涂片。

1 离心

技术：

- 轻轻离心含有液体、血液的样本，或加入少量灭菌转运培养基的样本，或者是加入少量含有10%血清的盐水样本，以浓缩细胞，在管底形成球状的细胞浓缩沉淀。
- 在浓缩细胞时，离心机的转速设置和尿检和/或血清分离转速一致即可。
- 倒掉或吸走上清。
- 用管底的少量液体再悬浮细胞，或者用一次性吸头直接从管底吸取细胞。

- 将细胞悬浮液转移至玻片上。
- 使用吸头，通过"推拉"技术或"挤压"技术制作涂片，具体操作取决于悬浮物的量。

注释：

- 使用锥形管来分离样本，在弃上清时便于细胞沉留在管底。弃完上清后，可用剩下的液体对细胞进行再悬浮。
- 离心浓缩细胞的技术可以解决样本细胞量少（通过直接抹片可能很难判读）的问题。
- 如果离心后没有可见的"球状"细胞富集，可能需要实施特殊离心技术。

2 特殊离心技术

- 大多数诊所中都无法进行特殊离心。大型转诊中心或细胞学诊断实验室可进行这种操作。
- 特殊离心技术包括细胞离心、膜滤过技术、薄层细胞学技术和 / 或沉渣卡等。

FAQ6 我该使用哪种染液对我的样本进行染色？

用于细胞学样本染色的染液通常包括如下。

1 罗曼诺夫斯基染液

- Diff-Quik®. NB：一些肥大细胞瘤的颗粒着色非常不良。
- 瑞氏吉姆萨染液（Wright–Giemsa）。
- 其他快染液。

2 湿片

- 新亚甲蓝染液。

3 需要"湿固定"的染液

- 巴氏染液（Papanicolaou）或 三色染液（Trichrome）（一些再水合方案可用于风干涂片）。
- H & E 染液。

4 常用的"特殊染液"

- 革兰染液可用来着染革兰阴性和革兰阳性细菌。

- Ziehl-Neelsen 染液（抗酸染液），用于标记抗酸细菌。

- 普鲁士蓝染液，用于标记铁。

罗曼诺夫斯基染液在诊所中是常用染液。市面上有很多快染染液，而 "Diff-Quik®" 染液是最为著名的。染色的标准化操作和染色时间对获得稳定且良好的染片来讲至关重要。为获得最好的细胞核和细胞质对比度，可尝试不同的染色时间。淋巴结和骨髓抽吸物的染色时间是积液和常规抽吸物染色时间的 2 倍。可尝试先用常规时间染色，看一下着色是否充足。如果不足，可对染片再次染色，以获得更好的效果。

染液维护对质量控制来讲至关重要，以保证获得稳定的高质量染片。

染液维护和质量控制：

- 避光保存。

- 不使用时要盖起来。

- 定期过滤（咖啡过滤器价格适中，可用于大多数染液的过滤）。

- 经常清洗染缸，以避免染液沉淀积聚、微生物生长，以及悬浮物漂浮（细胞和微生物可能在染液中漂浮，可黏附于涂片上；这些不是病变的表现，但可能会导致误诊）。

- 通过储存时间、染片数量和其他条件来更换染液。

- 根据颜色、透明度等来了解染液的性能。

- 制作标准化的染色操作流程。

- 熟知过久放置的染液可能会导致的人工伪像。

- 熟知由标准流程中不着染的成分可能会导致的人工伪像。

- 可周期性地使用颊部涂片（从面颊内侧刮片）作为对照，以检验染液质量、操作技术等。

- 了解您诊所中的"污染物"：可在白天和 / 或整夜在台面上留置玻片，以聚集空气中的污染物。

FAQ7　我该使用哪种染液对固定好的样本进行染色（如巴氏染液，Sano's 改良 Pollack's 三色染液，或者是 H&E 染液）？

这些染液常用在固定好的样本，固定有助于防止细胞退化、代谢、成熟，也有利于阻止体外细菌过度增殖。由于使用了苏木素（和组织切片的染液相同）着染，这些细胞核的细节着染更清晰。染色特征和色调与传统的罗曼诺夫斯基染色不同，可能需要经验来识别细微变化。对比罗曼诺夫斯基染色，细菌可能较难识别，尤其是数量很少时。这些染液有一些快染版本，但是罗曼诺夫斯基染色法是私人诊所内最常用的染液。一些商业诊断实验室里有这些染液。可以核实一下最常合作的商业实验室里有没有这些染液和相关技术。

FAQ8　我该对一份细胞学报告抱以什么样的期望值？

个人偏好不同，不同实验室的细胞学报告格式不尽相同。一个细胞学报告通常包含以下几个部分。

临床信息总结：

- 可能包含或不包含这些内容。
- 笔者认为，总结病例的所有临床信息很重要。
- 初次判读时，如果能提供一些信息，可能有助于二次诊断，或者随后的涂片判读。

描述：

- 可能包括（或不包括）整体特征（如颜色、透明度、特征和大体内容物）。大体描述有助于确定样本分类、评估涂片质量及样本的代表性。
- 需包含微观特征。
- 即使临床病理学家们对最终判读意见不一，描述也应保持一致。

判读：

- 结果判读——细胞学家或细胞病理学家应尽最大可能（可依据对结果的自信度）来详尽判读。

注释：

- 细胞学判读结果中应描述对结果的自信度。

- 可能包括不同的诊断（如果合适的话）。
- 病原（如果能发现的话）。
- 预后。
- 客户教育（如预期的生物学行为、附加检查、推荐监测项目或其他）。
- 描述发现的问题或临床意义。
- 包括其他检查或事项，有助于建立更精确的诊断、更精确的评估和 / 或治疗计划（如 T 细胞、B 细胞免疫分型、血清学、骨髓穿刺、临床生化结果等）。
- 监测描述也较为重要（如局部淋巴结、局部复发、多发性肿瘤）。
- 其他推荐（如果具备相关知识，可给出治疗方面的考虑等）。

FAQ9　什么样的细胞学样本应该转诊给有经验的细胞学家？

将样本转诊给有经验的细胞学家时要注意以下几点：

- 所有样本（？）。
- 有疑问的样本。
- 对治疗无效的炎性病变样本。
- 如有预后很差，或非常规的样本，或有意料之外发现的样本，考虑送检进行二次诊断。

FAQ10　如果细胞学样本不能提供良好的信息，或者没有代表性，有必要重复吗？

很多情况下，一个初次诊断不满意的样本或非特异性样本，可能取决于病变本身的特性。有些病变抽吸时细胞脱落不良，可能无特异性特征。不过，一般而言，附加样本采集的好处如下：

- 增加发现 / 诊断各种异常的概率。
- 如果病变和诊断的结论一致或者朝之发展，可增加判读的信心。
- 如果重复操作，可增加对阴性结果的判读信心。

FAQ11 我如何知道我有合适的样本可供判读，它能代表整个病变吗？

这是所有细胞学家都不愿面对的问题。样本是否适合判读取决于所抽吸病变的类型。不同种类细胞学样本的基本纲要如下。

皮肤肿物或内部器官肿物的细针抽吸：

* 如果出现有核细胞，通常被认为是比较好的样本。不含有核细胞的样本通常被认为是较差的样本，或者说没有诊断价值。血液严重污染的样本可能会导致细胞细节模糊，从而导致样本不具有代表性。
* 有些类型的病变细胞量少（如脂肪瘤）；其他类型的病变（通常是间质起源）抽吸时可能脱落不良。

淋巴结抽吸：

* 被认为含有淋巴起源的细胞。
* 有时淋巴结会被炎症病变和恶性病变覆盖。无淋巴细胞的病例中，不能证实或者排除淋巴结转移。

气管或支气管灌洗：

* 必须有不同的呼吸道细胞（柱状和/或立方上皮细胞；巨噬细胞），才能对整个肺部状况做出自信可靠的判断。
* 如发现有异常细胞但是缺少不同层面的肺细胞，依然能够做出一定的判读。

支气管肺泡灌洗：

* 为了证明所采集的小气道和气泡的样本具有代表性，一定要看到巨噬细胞。
* 其他类型的细胞也可能存在。

尿液：

* 没有细胞可能提示在参考范围内。
* 如果没有细胞或感染物质，最常见的判读为"未见明显异常"。

脑脊液检查：

* 没有细胞可能提示在参考范围内。
* 如果没有细胞或感染物质，最常见的判读为"未见明显异常"。

滑液检查：

- 通常会出现一些细胞。正常情况下，可见到一些小淋巴细胞、巨噬细胞和滑膜细胞。
- 有时可能以其他细胞为主，取决于疾病类型。

胸腔积液和腹腔积液检查：

- 通常会出现一些细胞。正常情况下，可见到含有嗜中性粒细胞、巨噬细胞、有／无少量小淋巴细胞的混合细胞群。
- 有时可能以其他细胞为主，取决于疾病类型。

骨髓抽吸检查：

- 最佳判读需要骨髓颗粒和造血前体。
- 如果出现一些造血细胞，即使没有骨髓颗粒，也可做出一定诊断。

子宫冲洗：

- 通常会出现一些上皮细胞。罕见的嗜中性粒细胞和巨噬细胞可能是正常现象。上皮细胞形态不一，取决于繁殖活动的阶段。
- 也会出现其他类型的细胞，取决于疾病类型。
- 最佳判读也需要结合目前或复发的血液学异常或者其他检查。

阴道涂片：

- 通常会出现一些上皮细胞。可能会出现细菌（正常菌落）。请牢记一些老年绝育母犬可能有阴道萎缩性立方上皮，过度炎症或刺激会改变上皮细胞的形态和上皮细胞的类型。
- 有时可见到其他类型的细胞，取决于疾病的类型。

很难评估所取样本的代表性。如果不同的样本中都出现了意料中的细胞（见上文），则样本对整个器官或者系统病变的代表性可能性很大。在评估样本时，影响样本是否有代表性的其他因素包括：

- 细胞量大小。
- 细胞数量、类型和比例。
- 出血样本可能会使得判读更加复杂。
- 临床表现和临床怀疑病变类型的相关性。
- 病变位置和临床意义的相关性（如转移至淋巴结的肿瘤）。

- 样本的质量（细胞保存和着染情况）。

FAQ12 如果细胞学评估和临床诊断或组织病理学诊断不相符时该怎么办？

大多数病例中，细胞学检查和临床诊断或组织病理学诊断是相符的。细胞学外观需和临床印象一致。如果不一致：

- 采用更好的判读。
- 联系细胞学家再次判读，或者将样本送至有经验的细胞学专家处做二次诊断。
- 考虑再多取一些样本。

请牢记，细胞学/组织学相关性和癌症有关。对于有些器官/系统（鼻腔、子宫、呼吸道、泌尿道），腔道内的细胞学可能和组织深部细胞学有较大差异。非癌性组织与细胞学检测的相关性程度不一。细胞学和组织学在判读细胞类别和病变程度时可能有所不同。对于病变位置、细胞种类、病程类型等方面，细胞学和组织学的敏感性和特异性、预判价值也不一。

FAQ13 我该如何评估一个细胞学涂片？

细胞学应该系统性评估，每次用同样的方式去评估一个或一系列玻片。最初涂片应该在低倍镜下观察，可特别留意羽状缘处（如果有的话）、涂片边缘处、涂片中间等位置，以发现一些不同寻常的特征、细胞，或成群的细胞，然后可以用高倍镜去仔细观察。

低倍镜检查可提供整体细胞信息、涂片性质，也有助于评估样本是否充足，是否有代表性，以及着色情况。中等放大倍数用于评估大多数细胞，以确定细胞种类、比例和其特征。高倍镜放大用于评估细胞细节。有些病例可能还需要在低倍和中等放大倍数下额外扫查，用交叉视野来迅速观察整个涂片。

当评估细胞学样本时，专业的评估思路可能有很大差异，主要取决于评估者的经验、接受的训练和知识结构与综合组织能力。不过，大多数专家的思考过程如下：

- 样本足以评估吗？制片和染色质量能达到要求吗？

- 样本能够代表整个病变吗？包括病变外观、位置、采样方法，以及样本采集的任何问题（如可能有血液污染）？
- 这种样本及采样方法得到的细胞量是否充足？
- 是否有一些有临床意义的非细胞或背景物质，如间质性肿瘤产生的基质物质、分泌性物质、可能提示肿瘤的坏死性碎屑、提示淋巴组织起源的淋巴小体、细胞质内的物质（可能是分泌或者是吞噬的物质等）？
- 数量、种类和细胞类型如何？
- 是否有预期之外的特殊细胞，或者是不该出现的细胞？
- 大概是什么种类的病变（如炎症、非炎症、增生、非肿瘤性、肿瘤性、良性、恶性）？
- 这些分析结果能否被进一步分类并提供有用的信息（如什么类型的炎症；如果是肿瘤性的，符合什么类型的肿瘤）？
- 有明显病原（传染性物质、异物）吗？
- 如果是肿瘤性的，细胞有良性或恶性特征吗？
- 如果是肿瘤性的，细胞类型和起源能被精确分类吗？
- 样本细胞学判读的自信程度如何？
- 根据目前的发现，预期的生物学行为如何？
- 对于证实、预后、分期、评估疾病的严重程度、增加判读自信等方面，还需要一些附加检查吗？
- 细胞学家对目前的病情有治疗方案或其他推荐吗？
- 需要二次诊断或附加研究（基于已知诊断、文献查找、参考文章等）吗？

FAQ14　哪种显微镜最适合用于细胞学评估？

一般而言，最好使用双目显微镜。镜头应该包括低倍、中倍、高倍，常包括 4 倍、10 倍、20 倍、40 倍、50 倍和 100 倍油镜。使用不同放大倍数时，需调节光源和聚光器来检查不同的样本。

FAQ15　怎样才能更好地将玻片存档？

玻片需要放在干净、干燥的环境中，避光保存。为了避免玻片表面被破坏，可盖上盖玻片，并置于介质中，如中性树胶或 Eukitt 封片剂。这些均可溶于二甲苯，如果封片前使用油镜检查过，也可以用二甲苯清洁油渍。盖玻片下不要残留气泡，而且要在平面上干燥，然后才拿去存档。存档的玻片要用永久性笔迹做好标签，以备将来查阅。有磨砂边的玻片非常有用，因为磨砂边可以用铅笔写上字，而且铅笔字不会被擦掉，可长期保存。如果能配上一套有关玻片信息的文档，则更加有利。任何后续信息（临床或组织病理结果）都可包含在文档内。

FAQ16　感染原在细胞学中被检查到的概率有多高？

通过细胞学检查能见到感染原的概率取决于获取样本的类型，以及该诊所中最常见的疾病分布。细胞学检查中未见到感染原并不能完全排除感染。细胞学教学中有一条谚语："没有实锤也不能证明没有病变"。不过，如果存在感染，在下列情况下查找到感染源的概率会增加：

- 获取到一份有代表性的样本。
- 样本着色良好。
- 样本由擅长辨认各种微生物的人员来检查。

感染原检查也存在假阳性结果。有时，一些颗粒或碎屑会被当作细菌。如果未被固定的样本通过邮寄的方式运输，可能会有污染细菌的过度增殖，或者病原过度增殖。如果采集了液体样本，需立即制备新鲜细胞学涂片，不要有时间上的延迟，这样可以提供最好的样本。如果转诊实验室可提供特殊染液来处理固定好的样本（如巴氏染液、Sano's 改良 Pollack's 三色染液、H&E 染液，用新亚甲蓝染液制备湿片），那么最好提供固定好的样本，以防或减少运输过程中细菌过度增殖。这对需要过夜运输（邮寄）的样本而言至关重要。这种固定好的样本染色方法因不同的实验室而异。固定有助于保持细胞形态，阻止细胞退化、代谢、成熟（未固定的样本在运输过程中会出现这些变化）。不同实验室有各自偏好的方法。

其他可能有助于防止微生物污染而导致假阳性结果的方法如下：

- 只在洁净环境中处理样本。
- 经常清洗所有的玻璃器皿、吸头、其他设备等。需使用一次性塑料吸头，以防吸头再利用时已经被污染。
- 将积液放在干净的管中。
- 不要将玻片留在未受保护的环境中，可能会导致玻片表面被污染。
- 经常过滤染液，而且要保证含有染液的玻璃器皿是干净的，不含沉淀或"漂浮物"。
- 如果样本中含有感染原，或含有大量细菌、真菌，或显微镜检查可见到大量其他感染原，需先将染液过滤，然后再对其他样本进行染色。

一个标准的咖啡过滤器可用于过滤染液。这些过滤器可重复使用，直到残留物将其堵塞，液体不能往下流。请牢记，只能将滤过的染液流到干燥的容器中。

如果涂片中怀疑有某种感染原（湿片或未染色的尿沉渣），可评估染色的涂片，有助于证实之前的推测。细胞内细菌提示败血症。细胞外细菌也提示感染，但也有可能是污染或细菌过度生长。

FAQ17　如果涂片着色太深该怎么办（太深认不出细胞）？

细胞着色太深的原因可能如下：

- 涂片太厚，未被风干。这可能会导致细胞太过拥挤（没有摊开），着色太深。提示：手持风干或加热盘（放在低处）可用于涂片快速风干。
- 在其中一种或几种染液中过度着色。
- 过多黏液或其他分泌物可能会使细胞形态模糊，和/或使风干速度变慢。

FAQ18　如果涂片着色很蓝，细胞核和细胞质对比度不高怎么办？

过度蓝染的原因如下：

- 蓝染时间过长，或者红/橙染时间过短。如果染色时间在推荐时间范围内，核查红／橙染液的染料是否已经耗尽。

- 接触到了福尔马林蒸汽。这是为什么在福尔马林中的染液需要独立包装，不要接触到罗曼诺夫斯基染色的样本。要进行罗曼诺夫斯基染色的涂片不能在通风不良且有福尔马林的地方风干。

- 染液或水的 pH 不合适。

FAQ19 如果涂片被成簇的染液渣子遮住了该怎么办？

- 过滤染液。保证染液流入洁净的染液缸中。

- 清洁染液缸（使用 3% 的漂白剂，用力擦洗，以去除任何顽固的沉淀）。

- 保证涂片得到良好的清洗。如果使用的是水龙头，保证用的水不是硬水（可能需要使用蒸馏水或软水）。

FAQ20 如果淋巴结和骨髓抽吸的着色非常浅该怎么办？

这种类型的涂片可能需要调整染色时间。如果使用人工染色，可能需要加长染色时间（2 倍或 3 倍）。如果使用自动染色仪，可能需要重复染 2 次。这些操作可能有助于提高染色质量，但不会对所有的涂片都有效。有时，湿片（也可使用着色不良的染片）滴加一滴亚甲蓝染液，再盖上盖玻片，可能有一定帮助。不过，您可能需要尽最大努力来处理着色较浅的涂片。

FAQ21 怎样才能知道罗曼诺夫斯基染液是有效的？

染色的目的是在光学显微镜下，使细胞具有明显的对比度和不同的细胞结构。罗曼诺夫斯基染液含有亚甲蓝和／或其氧化产物，以及卤代荧光素燃料（通常是伊红 B 或 Y）。这些染液被认为是多色染色液，会显示出一系列颜色，即所谓的"罗曼诺夫斯基效应"。罗曼诺夫斯基染色会受到不同染液和氧化产品、缓冲液、缓冲液 pH、染色时间和多余染液移除率等因素的影响。

如果想获得着色良好的涂片，风干的涂片需含有单层细胞。这些细胞需摊开，不相互连接在一起，可快速风干，在玻片表面分布。使用对照涂片

（见 FAQ26 细胞学对照）有助于确保染液质量。

如果使用罗曼诺夫斯基染液，着色良好的特征是细胞核显示良好，呈紫色或蓝色，边界清晰，染色质和核仁（如果有）清晰。细胞质边界清晰，可确定细胞的大小和形状。细胞质可染成不同的颜色，取决于细胞类型和其内容物。也有可能见到粉色 - 橙色嗜酸性颗粒。肥大细胞颗粒可被染成不同的颜色（不着染、着色不良或着色良好），取决于使用的罗曼诺夫斯基染液。

FAQ22　胸腔和腹腔积液该如何分类？是否有用？

胸腔积液和腹腔积液的经典分类方法是有核细胞数量和总蛋白水平，以确定积液是漏出液、改性漏出液或渗出液、其他分类可能建立在细胞学特征的基础之上，包括出血性积液、肿瘤性积液、非肿瘤性积液、脓胸、脓腹、败血性积液。所有分类体系都有缺点，总会有些样本无法归入这些分类方法中。建立在有核细胞数量和总蛋白水平的基础之上的传统分类体系能够成为病因查找的良好开端。细胞学检查可能会提供潜在病因的相关信息，也可能难以提供，但有助于调查和治疗当前的问题。

漏出液和低蛋白血症 / 低白蛋白血症有关，白蛋白 <15～18 g/L（1.5～1.8 g/dL）的情况下，才会因胶体渗透压下降引起积液。漏出液也可见于早期心脏功能不全或其他非炎性积液。

渗出液最常见于炎症性或传染性疾病，但也可见于肿瘤性或淋巴细胞性积液（淋巴系统阻滞引起）。淋巴系统阻滞可能和心功能不全、内部团块、乳糜性积液干扰静脉 / 淋巴回流等因素有关。

改性漏出液是一种中间状态的积液，潜在原因有很多种。预后通常比较差，改性漏出液通常和恶性疾病或很难控制的器官 / 系统异常有关。

FAQ23　如果我发现是出血性样本（积液或抽吸液）时该怎么办？

要牢记白细胞可见于这种样本。有时只有红细胞是血液污染导致的，但白细胞数量、种类和比例常和外周血相似。血小板（如果有的话）需要浓缩。可认真检查所有的血液细胞和非血源性细胞。

制作淡黄层血涂片，以浓缩有核细胞。制作淡黄层涂片的流程如下：

- 将混合均匀的血液放于数个血细胞比容微管中，离心获得 PCV 结果。
- 对淡黄层（RBC 上面的白色部分）进行评分。
- 将微管轻轻折断，把淡黄层轻轻拍打到玻片上。如果淡黄层不能从小管里排出来，可以拿回形针插入小管，轻轻将淡黄层推出到玻片上。
- 用"压片"法制作血涂片。
- 快速风干。
- 使用罗曼诺夫斯基染色法染色。

FAQ24 细胞学恶性标准有哪些？

恶性标准常和恶性疾病有关。这些特征可能单独出现，也可能联合出现，可见于增生、发育不良，也可能是炎症。如果下述标准的症状持续出现或者出现多种，更倾向于恶性疾病。恶性标准如下：

- 染色质分布不均。
- 染色质的成块或者突出情况增多。
- 核仁或大核仁（核仁的体积占细胞核体积的一半或以上），可能是单个或多个。
- 核仁形状不规则（非圆形）。
- 核质比升高。
- 有丝分裂象，尤其是非对称性的。
- 多核仁。
- 细胞大小不一。
- 细胞核大小不一。
- 在采样位置出现异常细胞类型或者有异常表现（首先排除从局部组织采集到的错误样本）。
- 核膜不均匀增厚，核膜边缘的染色质成块状。
- 核塑形。
- 核发育不良（分化不良）。
- 细胞质和细胞核特征不同步。

FAQ25 我该如何自信的判读恶性特征，以及如何从非恶性特征中区分恶性病变？区分良性、恶性特征？

随着经验积累和反馈，自信会随之增长。以下特征有助于增加对恶性病变判读的自信心：

- 大量不典型细胞存在恶性细胞学特征。
- 大量单一形态的细胞，不含复杂多变的细胞类型。
- 不对称的有丝分裂象。

如果恶性细胞较少，整体细胞量不高，或恶性特征不明显时，判读难度较大。

和组织病理学结果（如果有）进行对比可得到最好的反馈。如果没有组织学检查，临床发展情况可能有助于对细胞学结果的反馈。有经验的细胞学家出具的报告也能提供不错的反馈，也能提供不错的学习机会。

随着数字显微镜的出现，可通过电子邮件和网络传送，这样可以发送电子照片，不但可以收到特殊细胞的问题答疑，还能得到细胞学家分享的分析结果。虽然照片不能提供和玻片上一样的信息，但它们能提供有价值的解释和特征，可当作很有用的学习工具。

FAQ26 什么东西可以用作细胞学检查的对照？

对照物是一种标准物质，可用于标定标准方法操作。对于细胞学而言，常见的涂片可用于对照，如血涂片，淡黄层血涂片（毛细管的白细胞层），或者颊黏膜拭子（从颊部内侧）涂片。

您可以使用一到多个"对照涂片"，以确定细胞学染液是否正常，并且能提供足够的对比度以供观察。如果时常检查一两个对照涂片，可动态实时监控染液质量。时常使用对照涂片检测染液质量，在细胞学判读时就能做出更自信的诊断。这一频率从每周一次到每月两次不等。不论何时换了一种或多种染液，都需要进行对照涂片检查；如果涂片中出现了不同寻常的物质，无法确定是样本本身造成的还是染液造成的，也可以做对照涂片染色检查。

FAQ27　如何评价细胞学涂片？

系统性玻片检查是准确判读细胞学样本的关键。染色技术不良、漏掉重要信息、过快或立即使用高倍镜观察，仅仅是这几个错误就会导致误诊。刚开始需要使用低倍镜（4～10倍）扫查，从而观察细胞的整体情况和保存情况。

保存也是细胞学准确判读的关键因素，常需要在高倍镜下（20～40倍）观察。出现完整的细胞，并可观察细胞质边界和细胞核细节，反映出细胞的保存情况良好。如果涂片中有大量破碎的细胞，没有明显、边界清晰的细胞质（裸核），是无法做出判读的。

如果没有完整的、保存良好的细胞，细胞学涂片将无法做出诊断，需要再次采集细胞重新观察。

如果细胞量和样本保存均达标，下一步是评估涂片中主要的细胞类型。炎症细胞（嗜中性粒细胞、嗜酸性粒细胞、淋巴细胞、单核细胞/巨噬细胞）的出现提示炎症；其他类型的细胞（上皮细胞、间质细胞，或圆形细胞）常见于增生、发育不良、肿瘤等。有趣的是，也常见同时存在炎症细胞和肿瘤细胞的现象，因为快速生长的肿瘤很容易导致组织坏死，因此，并发的炎症源自肿瘤本身。皮肤肿瘤（尤其是鳞状上皮癌）可能会溃疡，导致并发的感染，有时也会引起败血性变化。

延伸阅读

Cowell RL, Tyler RD (2002) (eds) *Diagnostic Cytology and Hematology of the Horse*, 2nd edn. Mosby, St. Louis.

Fournel-Fleury C, Magnol JP, Guelfi JF (1994) (eds) *Color Atlas of Cancer Cytology of the Dog and Cat*. Pratique Médicale et Chirurgicale de l'Animal de Compagnie, Paris.

Harvey JW (2012) (eds) *Veterinary Hematology: a Diagnostic Guide and Color Atlas. Saunders*, Elsevier, St. Louis.

Raskin RE, Meyer DJ (2016) (eds) *Atlas of Canine and Feline Cytology*, 3rd edn. Saunders, Elsevier, St. Louis.

Thrall MA, Weiser G, Allison L, Campbell TW (2004) (eds) *Veterinary Hematology and Clinical Chemistry*, 2nd edn. Wiley-Blackwell, Ames.

Valenciano AC, Cowell RL (2014) (eds) *Cowell and Tyler's Diagnostic Cytology and Hematology of the Dog and Cat*, 4th edn. Mosby, Elsevier, St. Louis.

Villiers E, Ristic J (2016) (eds) *BSAVA Manual of Canine and Feline Clinical Pathology*, 3rd edn. British Small Animal Veterinary Association, Gloucester.

Weiss DJ, Wardrop KJ (2010) (eds) *Schalm's Veterinary Hematology*, 6th edn. Wiley-Blackwell, Ames.

Withrow SJ, Vail DM, Page R (2013) (eds) *Small Aimal Clinical Oncology*, 5th edn. Saunders, Elsevier, St. Louis.

索引

注意：参考的数字为病例号，不是页码。